Jana Siegmund

Erarbeitung virtueller Menschmodelle als Konstruktionswerkzeug zur 3D Produktentwicklung in der Bekleidungsindustrie

TUD*press*

Jana Siegmund

Erarbeitung virtueller Menschmodelle als Konstruktionswerkzeug zur 3D Produktentwicklung in der Bekleidungsindustrie

TUD*press*

2013

Die vorliegende Arbeit wurde am 19. Oktobr 2012 an der Fakultät Maschinenwesen der Technischen Universität Dresden als Dissertation eingereicht und am 22. Juli 2013 erfolgreich verteidigt.

Gutachter:
Prof. Dr.-Ing. habil. Hartmut Rödel
Prof. Dr.-Ing. habil. Ralph Stelzer

Bibliografische Information der Deutschen Nationalbibliothek
Die Deutsche Nationalbibliothek verzeichnet diese Publikation in der Deutschen Nationalbibliografie; detaillierte bibliografische Daten sind im Internet über http://dnb.d-nb.de abrufbar.

Bibliographic information published by the Deutsche Nationalbibliothek
The Deutsche Nationalbibliothek lists this publication in the Deutsche Nationalbibliografie; detailed bibliographic data are available in the Internet at
http://dnb.d-nb.de.

ISBN 978-3-944331-28-7

Verlag der Wissenschaften GmbH
Bergstr. 70 | D-01069 Dresden
Tel.: 0351/47 96 97 20 | Fax: 0351/47 96 08 19
http://www.tudpress.de

Gesetzt vom Autor.
Printed in Germany.

Meiner Mama Elena gewidmet

Erarbeitung virtueller Menschmodelle als Konstruktionswerkzeug zur 3D Produktentwicklung in der Bekleidungsindustrie

Von der Fakultät Maschinenwesen
der Technischen Universität Dresden

zur Erlangung des akademischen Grades
Doktoringenieur (Dr.-Ing.)
angenommene Dissertation von

Dipl.-Ing. Jana Siegmund
geboren am 30. November 1974
in Leningrad, heute St.-Petersburg (Russland)

Gutachter:
Prof. Dr.-Ing. habil. Hartmut Rödel
Prof. Dr.-Ing. habil. Ralph Stelzer

Tag der Einreichung: 19.10.2012
Tag der Verteidigung: 22.07.2013

Danksagung

Die Dissertation entstand während meiner Tätigkeit am Institut für Textilmaschinen und Textile Hochleistungswerkstofftechnik (ITM) der Technischen Universität Dresden im Rahmen des interdisziplinären IGF-Forschungsvorhaben „Entwicklung parametrischer virtueller Formkörper weiblicher Personen zur dreidimensionalen Konstruktion von körpernaher Bekleidung und Miederwaren“ sowie weiterer Forschungsarbeiten.

Mein ganz besonderer Dank gilt Frau Prof. Sybille Krzywinski für die hervorragende Betreuung, die Themenstellung und die Förderung dieser Arbeit. Die hochgeschätzten und für mich äußerst hilfreichen Diskussionen, ihre fachliche Kompetenz sowie die wertvollen Hinweise für das Manuskript spielten eine bedeutende Rolle zum Gelingen dieser Arbeit.

Herzlich danke ich Herrn Prof. Hartmut Rödel für die Betreuung, die Unterstützung der Arbeit und die Übernahme des ersten Gutachtens. Mein Dank gilt Herrn Prof. Ralph Stelzer für das Interesse an der Arbeit und die Übernahme des zweiten Gutachtens.

Nicht zuletzt danke ich allen Kolleginnen und Kollegen des Instituts, die mich begleitet und unterstützt haben. Mein besonderer Dank gilt weiterhin allen Mitarbeitern der Arbeitsgruppe Konfektionstechnik für die angenehme Arbeitsatmosphäre, konstruktive Zusammenarbeit und vielen hilfreichen Hinweisen während meiner Arbeit.

Andreas Märkert danke ich für seine kompetenten Ratschläge und Hilfestellung während der Themenbearbeitung. Sigrun Gildemeister danke ich für die sprachliche Durchsicht des Manuskripts.

Meiner Familie und meinen Geschwistern danke ich für die Liebe und moralische Unterstützung.

Dresden, Mai 2012

Inhaltsverzeichnis

1 Einleitung

1.1 Motivation und Zielstellung

Die Anforderungen an die Bekleidungsindustrie haben sich im Laufe der Jahre verändert. Die Produktion musste in den meisten Bereichen von der Standard–Großserienfertigung auf die Herstellung von schnell wechselnden Trendsortimenten umgestellt werden. Dabei müssen der Arbeitsaufwand minimiert und die Flexibilität erhöht werden. Ursachen hierfür sind Marktsättigung, Importdruck und sich ständig veränderte Verbraucherwünsche. Gefordert sind eine Vielfalt an modischen Materialien und Formen, aber auch hohe Funktionalität und Passform der Bekleidung. Diese Anforderungen können nur durch eine optimierte Produktentwicklung erfüllt werden.

Das Ziel der Schnittkonstruktion besteht generell darin, die gewünschte dreidimensionale Körper- oder Modellform so gut wie möglich abzubilden. In der Produktentwicklung ist die Schnittkonstruktion von zentraler Bedeutung und trotz der Erfahrung der Schnittentwickler ein kosten- und zeitintensiver Prozess. Dieses Problem ist mit einer weiteren Verbesserung der herkömmlichen 2D-Schnittmethoden nur begrenzt lösbar. Momentan werden in der betrieblichen Praxis die Möglichkeiten der Computerunterstützung nicht voll ausgeschöpft [KRZ 05], [RÖD 08].

Eine maßgebliche Voraussetzung hierfür ist die Umsetzung der Körperformen in virtuelle Formkörper, die als Konstruktionswerkzeuge benutzt werden können [KRZ 05], [SIE 07]. Dies stellt forschungsseitig erhebliche Anforderungen. Die menschliche Anatomie und anthropometrische Zusammenhänge zwischen den Körpermaßen einer und unterschiedlicher Größen müssen wissenschaftlich fundiert aufbereitet und durch geeignete Konstruktionstools rechentechnisch umgesetzt werden. Methoden zur dreidimensionalen Erfassung der Körperform (Scantechniken) bieten mit der Schaffung eines digitalen, virtuellen Abbildes eine der notwendigen Voraussetzungen.

Trotz zahlreich existierender 3D-Menschmodelle, die heute z. B. für Crashsimulationen in der Automobilindustrie, der ergonomischen Arbeitsplatzauslegung, der Passformsimulation in der Bekleidungsindustrie, der Bewegungsanalyse in der Medizin und im Unterhaltungsbereich eingesetzt werden, existieren kaum virtuellen Menschmodelle, die realitätsnah die Oberfläche in unterschiedlichen Körpergrößen abbilden.

Die Forscher und die kommerziellen Anbieter branchenspezifischer Software verfolgen deshalb weltweit das Ziel, die Konstruktion der Bekleidung transparenter zu gestalten und durch eine rechentechnische Verbindung zum virtuellen menschlichen Körper langfristig Entwicklungskosten zu sparen. Das Bestreben der vorliegenden Arbeit ist es, mit der Entwicklung eines Bausteines zur Erreichung dieser Zielstellung beizutragen. Die 3D-Konstruktion auf einem virtuell dargestellten menschlichen Körper kann durch Verknüpfung von schnitttechnischem Wissen, anthropometrischen Prinzipien und intuitiver Arbeitsweise die geforderte Umsetzung der steigenden Modellvielfalt deutlich erleichtern und die Passform verbessern.

Am Institut für Textilmaschinen und Textile Hochleistungswerkstofftechnik der TU Dresden wurden im Rahmen bereits abgeschlossener IGF-Vorhaben [RÖD 04], [RÖD 08], [MOR 09], [PAU 10], [KRZ 11] innovative 3D-Konstruktionsmethoden zur Modellkonstruktion auf Basis virtueller männlicher und weiblicher Formkörper erprobt. Die Forschungsarbeit wurde durch eine intensive Zusammenarbeit mit anderen Instituten und Industriepartnern unterstützt. Aus gemeinsamen Projekten konnten wesentliche Erfahrungen gesammelt werden, die in die Ergebnisse dieser Arbeit einfließen. Als ein wesentlicher Arbeitsschwerpunkt kristallisierte sich dabei die körpermaßabhängige Skalierung der weiblichen Formkörper heraus. Dabei konnte die Umsetzung dieser Skalierung nachgewiesen werden, wobei die zur maßabhängigen Veränderung eingesetzten Algorithmen noch deutlich verbessert werden müssen.

Im Rahmen der Arbeit werden deshalb skalierbare Menschmodelle für den Rumpf[1] von Frauen erarbeitet. Um die virtuellen Menschmodelle als anthropometrisch richtiges Konstruktionswerkzeug nutzen zu können, werden die Daten und Erfahrungen aktuell durchgeführter Reihenmessungen zugrunde gelegt. Lösungen zur passformsicheren Konstruktion körpernah getragener Kleidung sind in der Miederwarenindustrie, im Sportbekleidungssektor und in dem Bereich der Gesundheitspflege bzw. Rehabilitation im Gesundheitswesen gefragt.

Das virtuelle Menschmodell wird im weiteren Text der Arbeit auch als Formkörper oder als Figurine bezeichnet. Die Entwicklung von Formkörpern wird dabei nur auf den Rumpf begrenzt, da die Gliedmaße sowie der Kopf bei der Konstruktion von Miederbekleidung nur eine untergeordnete Rolle spielen. Arm- - Bein- und Halsansatz sind als zusätzliche Geometrieinformationen für derartige Bekleidungskonstruktion erforderlich und werden dargestellt.

Nach [KIR 01] ist die Passform bei körpernaher Bekleidung und Miederwaren für den Kunden außerordentlich wichtig und trotz langjähriger Bemühungen der Hersteller sind Passformmängel der häufigste Reklamationsgrund. Die in der Dissertation erarbeiteten Lösungswege werden die Produktentwicklung in der Bekleidungsindustrie durch innovative Methoden erheblich verbessern und zu Zeit- und Kosteneinsparungen führen.

1.2 Aufbau der Arbeit

Das Ziel der Arbeit besteht in der Erarbeitung virtueller skalierbarer Formkörper für den Rumpf von Frauen, die als anthropometrisch korrektes Konstruktionswerkzeug zur passformsicheren Konstruktion körpernah getragener Kleidung für die Miederwarenindustrie, den Sportbekleidungssektor und den Bereich der Gesundheitspflege bzw. Rehabilitation im Gesundheitswesen eingesetzt werden können.

Hierzu ist es Fachwissen aus den Gebieten der Anthropometrie und Größensystematisierung notwendig, welches die notwendigen Kenntnisse und Grundlagen zusammenstellt.

Es werden die Möglichkeiten der Konstruktion körpernaher Kleidung unter Zuhilfenahme des Einsatzes der existierenden 3D-Menschmodelle, z. B. aus den Bereichen der Automobil- und Flugzeugindustrie, der ergonomischen Arbeitsplatzauslegung, der Bewegungsanalyse in der Medizin und der Passformsimulation in der Bekleidungsindustrie, analysiert. Der Einsatz von 3D-CAD Systemen für die Produktenwicklung von Bekleidung ist seit etwa zehn Jahren ein internationaler Forschungsschwerpunkt. Auf dem internationalen Markt etablierte Softwarelösungen werden für das Anliegen der Arbeit untersucht.

Die zu entwickelnden virtuellen Körperformen und deren Größenparametrisierung sollen ein möglichst breites Spektrum individueller weiblicher Personen abdecken. Somit wird aufgezeigt, wie die mittleren Formkörper in Bezug auf die Körperabmessungen, die Haltung, die

[1] Der Rumpf (lat. *Truncus*) ist anatomisch der zentrale Abschnitt des Körpers, bei dem die Arme, die Beine sowie der Kopf nicht vorhanden sind [SCHU 04].

Brustform und den Figurtyp definiert sind. Anschließend werden die Datensätze der einzelnen Größen aus dem verfügbaren Datenpool für die weitere Verarbeitung ausgewählt.

Optische Methoden zur 3D-Formerfassung von anatomischen Objekten bieten mit der Schaffung eines digitalen Abbildes die notwendigen Voraussetzungen für konstruktive Anwendungen. In der Arbeit wird ein Überblick über die Messverfahren, die bei Body-Scanner eingesetzt werden, gegeben. Nach der Formerfassung steht dem Anwender eine große Anzahl von Punktedaten zur Verfügung. Von der Qualität und der 3D-Datenrepräsentation hängt die weitere Bearbeitung ab. Da der natürliche Körper in einer leicht idealisierten Form abgebildet werden soll, werden die Bearbeitungsschritte dafür aufgezeigt.

Die Beschreibung des Körpers beinhaltet die Auswahl relevanter Körpermaße, die zur Skalierung eines virtuellen weiblichen Formkörpers unbedingt erforderlich sind. Im Weiteren werden die Schnittebenen und daraus resultierende Körpermaße für Oberkörper, CUP-Bereich und Unterkörper festgelegt. Dabei muss besonders darauf geachtet werden, dass die ausgewählten Körpermaße sowohl kleine (z. B. Konfektionsgröße 36) als auch große Größen (z. B. Konfektionsgröße 44) abdecken.

Hinlänglich bekannt ist, dass die zu einer Körpergröße gehörenden Scans Unterschiede in der Körperform aufweisen. Um einen anthropometrisch richtigen mittleren Formkörper erarbeiten zu können, müssen die diesen mittleren Formkörper beschreibenden Daten in einem Mittelungsprozess bestimmt werden. Aus dem medizinischen Bereich (z. B. Kieferchirurgie) sind einige Untersuchungen bekannt, bei denen eine Registrierung zur Mittelung mehrerer anatomischer Objekte genutzt wird. Somit wird untersucht, ob eine in der Handhabung einfache und schnelle Möglichkeit zur automatischen Erzeugung eines gemittelten Formkörpers für die jeweilige Größe zu finden ist.

Das folgende Kapitel befasst sich mit der Generierung der virtuellen weiblichen Formkörper (Rumpf) zur Umsetzung der 3D-Produktentwicklung. Um eine parametrisierbare virtuelle Figurine im CAD-Programm effizient erstellen zu können, müssen die Daten der Skalierungspunkte sowohl in DC3D, *LECTRA* [LEC 10] und als auch in Excel aufbereitet und miteinander verknüpft werden. Dazu müssen größenabhängige Datentabellen erstellt werden, die komplett gegeneinander austauschbar sind. Mittels der CAD-Werkzeuge sollen dann aus den Skalierungspunkten einer Schnittebene B-Splins erzeugt und daraus Freiformflächen generiert werden, die den Rumpf in gewünschter Weise realitätsnah beschreiben. Durch die Parameter-Kopplung sollen virtuelle Figurinen der gewünschten Größe automatisch aus einer Basisgröße erstellen werden.

Um die Produktentwicklung gänzlich neu zu gestalten, wird ein Konstruktionsansatz erarbeitet, der auf der Nutzung der virtuellen 3D-Körpermodelle basiert. Durch die Schnittteilgenerierung in 3D und die Verwendung geeigneter Algorithmen zur Abwicklung der Schnittteile lassen sich die 2D-Schnittteile automatisch erzeugen. Um auch dem Designaspekt ausreichend Rechnung zu tragen, sollen Farben und Mustern visualisiert werden. Durch die mathematische/konstruktive Beschreibung der Körperformen unterschiedlicher Größen soll die bisher übliche 2D-Gradierung entfallen. Nach der Skalierung der Formkörper werden die Schnittteile automatisch für eine andere Größe erzeugt. Eine nachträgliche interaktive Veränderung am Modell ermöglicht die optimale Passform sowie die Gewährleistung eines guten Designs.

Das abschließende Kapitel dient der Zusammenfassung der Ergebnisse dieser Arbeit.

2 Anthropometrie

2.1 Grundlagen

Es ist mittlerweile allgemeingültige Erkenntnis geworden, dass eng am Körper getragene Bekleidung auf die Körpermaße und die Tragesituation des Menschen abgestimmt sein muss. Deshalb ist es wichtig, über anthropometrische Kenntnisse zu verfügen, um die Körperproportionen und damit die Abhängigkeit der Körpermaße voneinander zu beschreiben. Eine hinreichend genaue Repräsentation der Körperform soll durch die Auswahl relevanter Körpermaße erfolgen. Eine maßgebliche Voraussetzung hierfür ist die exakte, einheitliche Definition wesentlicher Merkmalspunkte am Körper und der daraus abgeleiteten Körpermaße [JÜR 89], [BÖHM 05]. Die Bevölkerungen der Welt weisen aufgrund ihrer ethnischen Herkunft eine große Variationsbreite ihrer Körpermaße und Proportionen auf.

Die Anthropometrie ist die Lehre der Ermittlung und Anwendung der Maße des menschlichen Körpers [KUN 84]. Der Begriff wurde aus dem griechischen *"anthro“* und *"metreein"* abgeleitet und bedeutet „Mensch“ und „Maß“. Die Anthropometrie beschränkt sich nicht allein auf die Erfassung der Dimensionen und Proportionen der äußeren Körperform oder des Skeletts und seiner Teile, sondern bezieht sich auch auf andere morphologische und biomechanische Merkmale wie Körperkräfte und Funktionsparameter einzelner Organe und Organsysteme. Sie ist ein Teilgebiet innerhalb der Anthropologie, der Wissenschaft der Beschreibung und Kausalanalyse der Variabilität vorwiegend nichtpathologischer Merkmale des Menschen [PHE 86], [FLÜ 88].

Hinsichtlich der Anwendung kann die Anthropometrie in handwerkliche Anthropometrie, anthropologische Anthropometrie, Sportanthropometrie, medizinische und forensische Anthropometrie sowie ergonomische Anthropometrie unterteilt werden.

- <u>Handwerkliche Anthropometrie</u>: Die Körpervermessung bezieht sich auf ein Individuum; das Ziel besteht in der Anpassung von Gebrauchsgütern (z. B. Bekleidung, Schuhe, orthopädische Produkte).
- <u>Anthropologische Anthropometrie</u>: Hier werden regionale und rassenbiologische Verteilungen sowie soziale und wirtschaftliche Differenzierung der Bevölkerung betrachtet.
- Bei der <u>Sportanthropometrie</u> stehen folgende anthropometrische Untersuchungen im Vordergrund: der Zusammenhang zwischen Körperbau und sportlicher Leistung; die Veränderung des Körperbaus durch sportliches Training; die individuelle Bewertung des Körperbaus als eine Leistungsvoraussetzung, um z. B. Eignungs- und Auswahlentscheidung für die einzelnen Sportarten zu verbessern. Die vorrangige Aufgabe der Sportanthropometrie ist es, die konstitutionellen Voraussetzungen für bestimmte Sportarten zu erfassen bzw. die Entwicklung des Körperbaues im Alters- und Trainingsprozess zu beobachten. Zahlreiche Studien wurden bereits durchgeführt und publiziert [SMI 03], [RASC 06], [CAR 84]. Neben dem Konstitutionstyp, auch als Körperbautyp bezeichnet, werden auch verschiedene Körperindizes (z. B. Segmentlängen) und vor allem die Körperkomposition (Muskelmasse, Skelettanteil, Fettanteil) bestimmt. Eine weitere Aufgabe der Sportanthropometrie ist es, bestimmte Kenndaten (z. B. das biologische Alter und die zu erwartende Finalkörpergröße) zur Beurteilung eines Talents zu ermitteln [JÜR 89], [FRI 06].

- <u>Medizinische Anthropometrie</u>: Jede medizinische Untersuchung schließt die Erhebung einiger Körpermaße mit ein, beschränkt sich aber in der Regel auf wenige Kennwerte wie Körperhöhe, Brustumfang, Körpergewicht und Handgelenkumfang.
- <u>Forensische Anthropometrie</u>: Unter dem Begriff Forensik werden die Arbeitsgebiete zusammengefasst, in denen systematisch kriminelle Handlungen identifiziert, analysiert oder rekonstruiert werden. Zum Beispiel handelt es sich um metrische Studien zur Identifikation von Personen.
- <u>Ergonomische Anthropometrie</u>: Diese beinhaltet die Anpassung der Technik bzw. der Arbeitsmittel an den Menschen zur Erleichterung der Arbeit. Das Ziel, die Belastung des arbeitenden Menschen so ausgewogen wie möglich zu halten, wird unter Einsatz anthropometrischer, technischer, medizinischer, psychologischer sowie sozialer und ökologischer Erkenntnisse angestrebt [SCHM 10], [SCHM 11].

Für anthropometrische Untersuchungen werden unterschiedliche Maße an dem menschlichen Körper definiert. Dies sind zum Beispiel Längen, Abstände, Breiten, Tiefen, Umfänge, Winkel, Gewicht und Hautdicke. Die Maße können danach unterteilt, ob sie am Körper, am Kopf, am Schädel oder am Skelett abgenommen werden. Darüber hinaus sind so genannte Indizes festgelegt. Ein Index drückt das Verhältnis zweier Maße zueinander aus und ist vor allem für Vergleichsuntersuchungen von Bedeutung (Beispiele: Body Mass Index (BMI), Taille-Hüft-Verhältnis (Waist-Hip-Ratio), Verhältnis Taille zu Körperlänge (Waist-to-Height-Ratio)) [BÖHM 05], [DET 06].

Für eine einheitliche und verbindliche Abnahme der Maße mit den dafür entwickelten Instrumenten sind eine Vielzahl von Merkmalspunkten am Körper definiert, welche auch als Landmarks bezeichnet werden [SIM 03]. Ein Merkmalspunkt kennzeichnet eine anatomische Struktur auf dem Körper, die als Orientierungspunkt verwendet werden kann. Bei Merkmalspunkten handelt es sich oft um Knochenpunkte, die von wenigen Weichteilen bedeckt und somit leicht ertastbar sind oder auch um charakteristische Einbuchtungen oder Vorwölbungen der Muskulatur oder des Unterhautfettgewebes (Abb. 2-1).

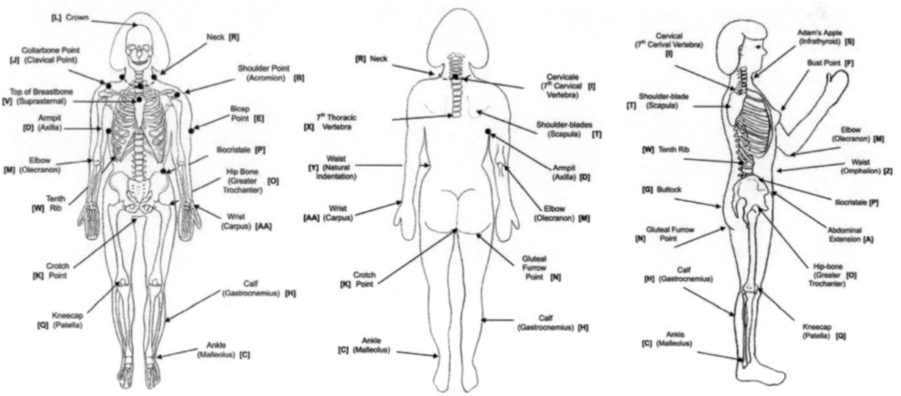

Abbildung 2-1: Lage der anthropometrischen Merkmalspunkte am Körper [SIM 03]

Zur Beschreibung der Lage von Messpunkten und Körpermerkmalen sowie der Messrichtung werden am menschlichen Körper drei Achsen unterschieden:

- Koronal- oder auch Vertikalachse: in Richtung der Körperachse,
- Sagittalachse: rechtwinklig zur Vertikalachse nach vorn und hinten

und

- Transversalachse: rechtwinklig zur Vertikalachse nach rechts und links.

Anhand der Körperdimension werden die Haupt- oder Körperebenen definiert. Diese Ebenen ermöglichen es, die gewählte Ansicht bzw. Blickrichtung auf den Menschen zu spezifizieren (Tab. 2-1, Abb. 2-2).

Tabelle 2-1: Hauptebenen des menschlichen Körpers

Dimension	Ebene	Zugehörige Begriffspaare
rechts/links	sagittal	medial/lateral
vorn/hinten	koronal	ventral/dorsal
oben/unten	transversal	kranial/kaudal

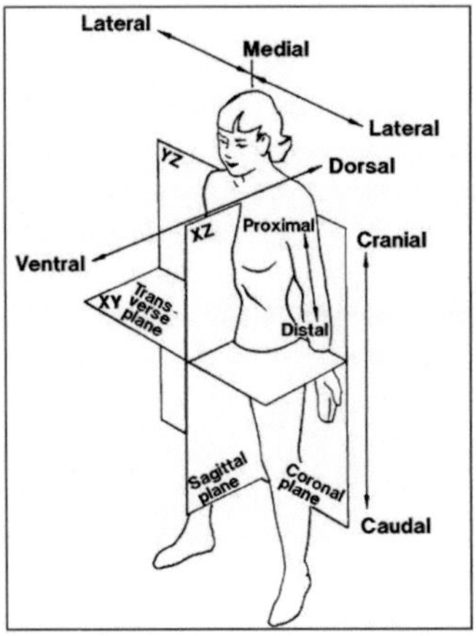

Mit der Sagittalebene wird eine seitliche Ansicht, mit der Koronalebene eine Vorder-/Rückenansicht und mit der Transversalebene eine Ober-/Unteransicht des Körpers bezeichnet.

Eine spezielle Sagittalebene ist die Medialebene (oder auch Symmetrieebene), welche durch das Körperzentrum verläuft und den Körper in eine linke und rechte Hälfte unterteilt [ROE 75], [NAS].

Abbildung 2-2: Hauptachsen und Hauptebenen des menschlichen Körpers [NAS]

2.2 Klassifizierung der Körpertypen, Körperbautypologien

In der Literatur sind vielfältige Beschreibungen des menschlichen Körperbaus zu finden, die zu teilweise ähnlichen, aber auch sehr unterschiedlichen Klassifizierungen führen.

Als **Klassifizierung** oder **Klassifikation** wird ein Vorgang oder eine Methode zur Einteilung von Objekten in Klassen oder Kategorien bezeichnet. Die klassifizierten Objekte unterscheiden sich nach ihren Körpereigenschaften (Körperausprägungen) oder Größenmerkmalen. Die Klassifizierung der Körperausprägungen stellt eine komplexe Untersuchung dar, bei der unterschiedliche anthropologische Merkmale der äußeren Form des Körpers analysiert werden. Mit Erreichen des Leistungsalters bzw. nach Abschluss der körperlichen Reife ist die individuelle Mannigfaltigkeit in körperlicher und psychischer Hinsicht weitgehend ausgebildet.

Neben Rasse-, Geschlechts- und Alterstypendifferenzierungen können auch Unterscheidungen der einzelnen Individuen bezüglich ihrer individuellen Konstitution vorgenommen werden [FLÜ 88].

Unter der Konstitution eines Menschen ist das gesamte Erscheinungs-, Funktions- und Leistungsgefüge in seiner Erbbedingtheit und Umweltgeformtheit zu verstehen. Da alle Individuen in dieser Hinsicht differieren, gibt es eigentlich so viele Konstitutionen wie Individuen. Es zeigt sich jedoch, dass gewisse Merkmale häufiger wiederkehren bzw. in Merkmalskomplexen auftreten, wodurch es möglich wird, in die individuelle Mannigfaltigkeit eine gewisse Ordnung zu bringen [FLÜ 88].

Im 17. Jahrhundert begann intensive wissenschaftliche Beschäftigung mit der Anthropometrie in Kombination mit der Morphologie [CAR 90]. Die Morphologie (griechisch *„morphé“* - Gestalt, Form und *„lógos“* - Lehre) befasst sich mit der Formlehre. Sie umfasst ein Teilgebiet der Anthropometrie.

Viele Wissenschaftler haben versucht, charakteristische Körperbautendenzen zu typisieren und Klassifizierungen der Körperbautypen zu erarbeiten. Verschiedene Sprachräume haben dazu geführt, dass ähnliche oder gleiche Körperbautypen auch heute noch unterschiedlich bezeichnet werden.

Die nachfolgend aufgeführten Wissenschaftler leisteten einen wesentlichen Beitrag zur Untersuchung und Definition von Körperbautypologien [BÖHM 05], [DUN 80], [ROE 75], [FLÜ 88], [SHEL 40], [CAR 90], [HUT 09], [AER 00], [VIO 09], [KRE 77]:

- deutsche Wissenschaftler: HUTER, STILLER, EPPINGER, HESS, KRETSCHMER, CONRAD;
- italienische Wissenschaftler: GIOVANNI, VIOLA;
- amerikanische Wissenschaftler: MILLS, STOKARD, BEAN, SHELDON, HEATH;
- russische Wissenschaftler: KIRILOW, SCHEWKUNENKO, TSCHERNORUZKIJ, BOGOMOLEZ, GALANT;
- jugoslawischer Wissenschaftler: SKERLY.

Um die Vielschichtigkeit der Körperbautypologie besser beschreiben zu können, ist es sinnvoll, zunächst die hauptsächlich verwendete Begriffe zu erklären:

Als **ektomorph** (aber auch als **leptomorph, leptosom, dolchimorph, cerebral)** werden Menschen mit schlankem, schmalwüchsigem Körperbau mit wenig Körperfett und schmalen, leichtknochigen Gliedmaßen bezeichnet. Sie verfügen über verhältnismäßig lange, dünne Gliedmaßen und zeichnen sich weiterhin durch Langhalsigkeit, einen relativ kleinen Kopf und einen schmalen, flachen Brustkorb aus.

Als **endomorph** (oder auch als **pyknomorph, pyknisch, brachimorph, digrestiv)** werden Menschen mit mittelgroßem Körperbau benannt. Der Brustkorb ist unten breiter als oben, die Muskulatur ist weich, sie neigen zum Fettansatz, haben kurze Arme und Beine sowie ein rundes Gesicht und einen kurzen Hals.

Als **mesomorph** (auch als **athletisch, musculen)** kategorisiert werden Menschen mit kräftigem Körperbau und der Neigung zu Muskulösität. Sie haben breite Schultern, oben einen breiten Brustkorb, einen Körper in sogenannter V-Form und ein langes breites Gesicht.

Die Bezeichnungen **dolchimorph, brachimorph** und **mesomorph** kommen aus dem Griechischen und bedeuten *„dolichos"* - lang, *„mesos"* - mittel, *„brachis"* - kurz, *„morphé"* – Form.

Da es kaum reine Körperbautypen gibt, sondern die meisten Menschen Merkmale verschiedener Typen aufweisen, gibt es Begriffe wie z. B. den des **endo-mesomorphen Typs.** Dies ist ein grundsätzlich muskulöser, sportlicher Typ, der aber zu starkem Fettansatz neigt.

Unter Verwendung der charakterisierten Körperbautypen wurden wesentliche Körperbausysteme entwickelt.

Im 19. Jahrhundert wurde von HUTER eine umfassende Theorie, die Hutersche Psycho-Physiognomik, der menschlichen Körperbautypen und der damit im Zusammenhang stehenden Charakter- und Persönlichkeitsmerkmale geschaffen [CAR 90], [HUT 09], [AER 00].

HUTER unterteilt die Menschen in drei Typen: Ernährungsnaturell (digestive, endodermic), Bewegungsnaturell (musculen, mesodermic) und Empfindungsnaturell (cerebral, ectodermic) (Abb. 2-3).

Abbildung 2-3: Körperbautypologie nach HUTER [HUT 09]

Am Ende des 19. Jahrhunderts führte GIOVANNI umfassende anthropometrische Studien an der Universität Padua durch. Einer seiner Schüler, VIOLA, unterschied drei Körperbautypen: den schweren Körper mit kurzen Gliedmaßen - macro-splanchnic (Brachityp), den langen Körper mit langen Gliedmaßen – micro-splanchnic (Longityp) und einen Zwischentyp – normo-splanchnic (Normotyp) [VIO 09], [CAR 90].

Anfang des 20. Jahrhunderts entstanden die wichtigsten, inzwischen weit verbreiteten, Beiträge zu Klassifikationen des menschlichen Körpers. Dies sind die Körperbautypensysteme von KRETSCHMER und SCHELDON.

KRETSCHMER unterscheidet in seiner Veröffentlichung „Körperbau und Charakter" [KRE 77] die Körperbautypologie nach drei Extremen: pyknisch, athletisch und leptosom (Abb. 2-4).

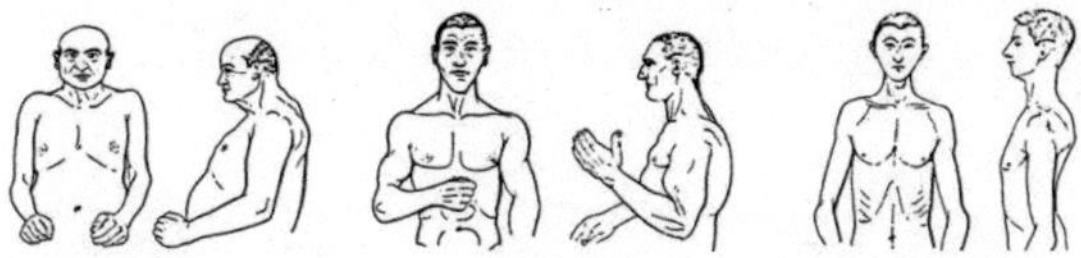

Abbildung 2-4: Körperbautypensystem nach KRETSCHMER [KRE 77]

Auch im System von SHELDON erweist sich, wie in nahezu allen Körperbautypologien, die Variationsreihe von einem schlankwüchsigen (ektomorph) zu einem breitwüchsigen (endomorph) Pol als wesentlich. SCHELDON unterscheidet drei Extreme in der Körperbautypologie: endomorph, mesomorph und ektomorph [SHEL 40].

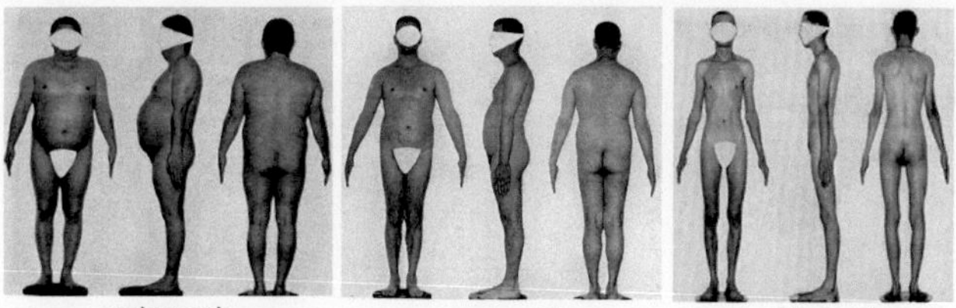

Abbildung 2-5: Körperbautypensystem nach SHELDON [SHEL 40]

SHELDON hat außerdem eine Typologie speziell für Frauen entwickelt (Atlas of Women). Der erarbeitete Atlas wurde leider nie komplett veröffentlicht [CAR 90]. Er unterscheidet in seinen Schemata folgende Frauentypen:

Typ T: relativ breiter Oberkörper verglichen mit dem Unterkörper, breite Schultern (breiter als das Gesäß), schmale Beine;

Typ A: relativ breiter Unterkörper verglichen mit dem schmalen Oberkörper, schmale Schultern und schmaler Rücken;

Typ O: breiter Knochenbau, Fettanteile sind gleichmäßig verteilt, große Brust und Hüfte;

Typ I: schmaler Knochenbau, kaum Fettanteil, schwache Muskulatur.

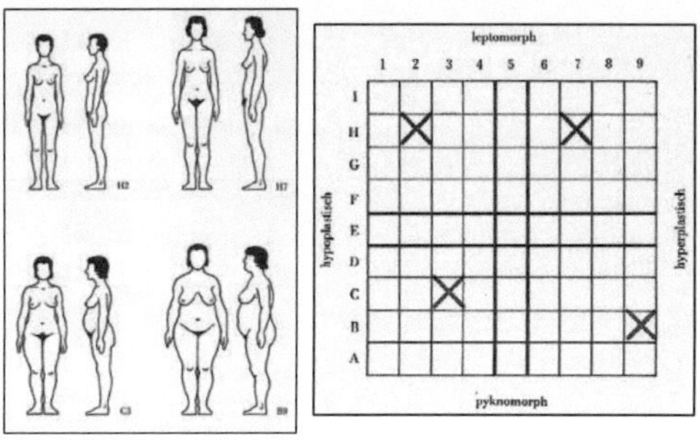

CONRAD unterscheidet vier Extreme von Körperbautypen: pyknomorph, hyperplastisch, hypoplastisch und leptomorph. Nach seiner Theorie ist jedes Individuum hinsichtlich seiner Körperproportionen und Körperdimensionen zu charakterisieren (Abb. 2-6) [FLÜ 88].

Abbildung 2-6: Körperbautypensystem von CONRAD [FLÜ 88]

SIMMONS [SIM 02] hat in ihrer Arbeit „Body Shape Analysis Using Three-Dimensional Body Scanning Technology" eine Tabelle zur Klassifikation von Körperbautypen durch bedeutende Wissenschaftler erarbeitet. Ein Auszug dieser Klassifikation ist in Tabelle 2-2 dargestellt.

Tabelle 2-2: Klassifikation von Körperbautypen [SIM 02]

Wissenschaftler	korpulent	athletisch	schmal
HUTER	digestive	musculen	cerebral
VIOLA	macro-splanchnic	normo-splanchnic	micro-splanchnic
KRETSCHMER	pyknisch	athletisch	leptosom
SHELDON	endomorph	mesomorph	ektomorph

In slawischsprachiger Literatur [DUN 80], [ROG 04] ist das Körperbautypensystem des jugoslawischen Wissenschaftlers SKERLY bekannt. Die Körperbautypen nach SKERLY lassen sich in drei Hauptgruppen und eine zusätzliche Gruppe unterteilen (Abb. 2-7).

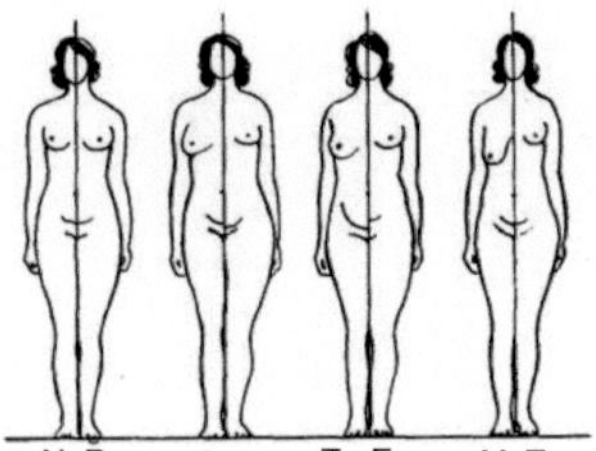

Abbildung 2-7:Körperbautypensystem von SKERLY [DUN 80]

Gruppe (N, R) - mit gleichmäßigem Fettansatz am ganzen Körper, der Grad des Fettansatzes kann schwach, mittelmäßig oder üppig sein, dementsprechend unterscheidet man drei Körperbautypen: L - Leptomorph, N - Normal, R - Rubens.

Gruppe (S, I) – mit ungleichmäßigem Fettansatz, die Unterscheidung erfolgt nach S - Obertyp, charakterisiert durch erhöhten Fettansatz am Oberkörper, und I - Untertyp mit erhöhtem Fettansatz am unteren Teil des Körpers.

Gruppe (Tr, Ex) – ungleichmäßiger Fettansatz vorwiegend am Rumpf (Tr) oder an den Gliedmaßen (Ex).

Gruppe (M, T) – zusätzliche Körperbautypen mit erhöhtem Fettansatz an einzelnen Körperteilen, z. B. an der Brust (M) oder an der Hüfte (T) [DUN 80].

Die beschriebenen wissenschaftlichen Grundlagen zur Kategorisierung der Körperbautypen gelangen derzeit wieder vermehrt zur Anwendung.

2.3 Größensysteme und weibliche Figurtypologien in der Bekleidungsindustrie

In den Körpertypologien, die speziell für die Bekleidungsindustrie entwickelt wurden, kommen oft die Begriffe „Figurtyp" oder „Konstruktionstyp" und nicht der Begriff „Körperbautyp" zum Einsatz. Der Begriff „Figurtyp" wird deshalb im weiteren Text für die Charakterisierung der Körperform weiblicher Personen verwendet.

Die Figurtypologien, die auf anthropometrischen Gesetzmäßigkeiten basieren, sind in der Bekleidungsindustrie für die Erstellung der Größensysteme und für die Schnittkonstruktion von essentieller Bedeutung.

Die Körpermaße werden in der Regel auf nationaler Ebene aus Reihenmessungen statistisch gesichert erhoben, um länderspezifisch aktuelle Größensysteme zu generieren.

Bei der Erstellung der Größensysteme wird die Bevölkerung nach Figurtypen, basierend auf Gewicht, Größe oder Relationen zwischen den Körpermaßen, unterteilt. Dabei entstehen Größengruppen. Die Größenzuordnung zu diesen Gruppen erfolgt in der Regel gleichmäßig von der kleinsten bis zur größten Größe. Für die industrielle Bekleidungsfertigung werden die erfassten Körpermaße in den Maßtabellen hinterlegt [KIRS 01], [SCHI 93], [YU 04].

Schweden war das erste Land, welches im Jahr 1968 einen Standard für Größensysteme eingeführt hat. Die ISO[1] richtete darauf einen neuen Technischen Ausschuss TC133 mit dem Titel "Größensysteme und Bezeichnungen für Kleidung“ ein. Siebzehn Mitgliedsländer wurden in diesem Ausschuss aktiv und hatten im Jahr 1970 ihre ersten formellen Treffen [YU 04], [WIN 97]. Im Jahr 1989 wurde die ISO-Norm 8559 „Garment construction and anthropometric surveys - Body dimensions“ [ISO8559 89] veröffentlicht. Diese Norm beinhaltet wesentliche Maße des menschlichen Körpers und die zugehörigen Messvorschriften.

Tabelle 2-3: Beispiele der Normung der Größensysteme verschiedener Länder [YU 04]

Land	letzte Aktualisierung	Norm-Bezeichnung	Körpermaße			
			Männer	Frauen	Kinder	Kleinkinder
Australien	1997	AS1182		X	X	X
Kanada	1992	CGSB49.5-M85-CAN/CGSB		X	X	X
China	1997	CSIC GB/T 1335.1-97	X	X	X	
Deutschland	2002	DIN EN 13402		X		
Japan	2001	JIS L4001 to 4005	X	X	X	X
Korea	1990	KS K0050 to 0052	X	X	X	X
Neuseeland	1973	NZS 8774,5	X	X		
Philippinen	1988	BPS114		X	X	X
Spanien	1974	UNE-40229 to 31	X	X	X	X
England	1989	BSI BS3666	X	X	X	X
USA	2001	ASTM D 4910	X	X	X	X

Mit der Norm EN-13402 [EN13402 01] wurde der Versuch gestartet, ein einheitliches Größensystem für Europa zu entwickeln, bisher fehlt dafür jedoch eine ausreichende Akzeptanz.

Einige Länder, z. B. England und Ungarn, entwickeln Größensysteme, welche nach Höhe und Drop Wert (engl. Drop value) klassifiziert sind. Der Drop-Wert ist die Differenz zwischen dem Hüft- und dem Brustumfang [YU 04].

Die deutsche Größendefinition für Frauen erfolgt zum einen durch die Ermittlung der Körperhohe und zum anderen durch das Verhältnis Hüftumfang – Brustumfang als „normalhüftig“, „schmalhüftig und „starkhüftig“ [MAI 98], [SIZEG 10]. Die Größensysteme für Miederwaren, Strümpfe oder z. B. Handschuhe basieren auf Angaben der dafür relevanten Körpermaße, auch Kennmaße genannt, und zwar auf dem Unter- und Brustumfang

[1] Die Internationale Organisation für Normung (kurz - ISO-Norm) – ist die internationale Vereinigung von Normungsorganisationen und erarbeitet internationale Normen in allen Bereichen.

(Differenz dieser beider Maße ist der Basis für die CUP-Definition), auf die Fußlänge oder auf den Handumfang. Daraus resultiert auch die Bezeichung der Größendefinition für derartige Bekleidungsstücke.

Bis vor kurzem bildeten die Ergebnisse der Reihenmessung 1994 die Grundlage für die DOB-Größentabellen und Figurtypisierung in Deutschland (Abb. 2-8).

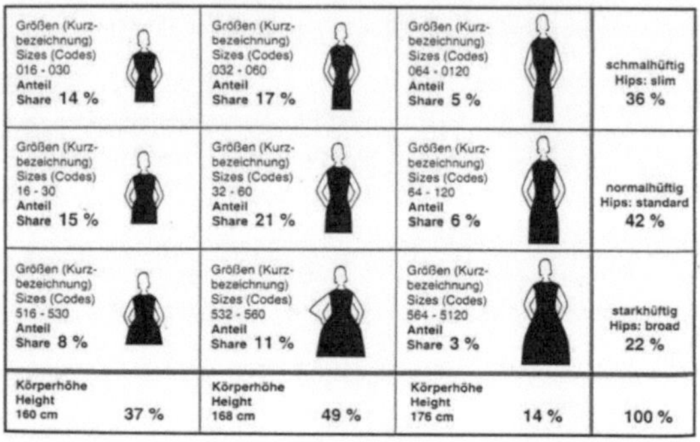

Abbildung 2-8: DOB-Größentabelle mit Berücksichtigung der Figurtypen und Angabe der Marktanteile [DOB 94]

Die Körperproportionen der deutschen Bevölkerung haben sich in den letzten Jahrzehnten deutlich verändert. Die Menschen sind größer und kräftiger geworden.

In Deutschland haben die Forscher der Hohenstein Institute zusammen mit Human Solutions [HUM 10] im Auftrag der Textil- und Bekleidungsindustrie und Handel sowie der Automobilindustrie im Jahr 2008 Reihenmessungen durchgeführt [SIZEG 10], um Körpermaße und deren Verteilung zu ermitteln. Dabei wurde die ISO Norm 20685 „3D-Scanverfahren für international kompatible anthropometrische Datenbanken“ [DIN20685 05] zugrunde gelegt. Die Ergebnisse dieser Reihenmessung sollen die bisher in der deutschen Bekleidungsindustrie angewandten Maßtabellen ablösen. Ähnliche Reihenmessungen wurden schon in Frankreich, Großbritannien, Niederlande, China, Schweden und den USA durchgeführt (Tab. 2-4).

Tabelle 2-4: Übersicht ausgewählter Reihenmessungen

Land	**Schweden** [IFP 10]	**Frankreich** [IFT 10]	**England** Size UK [BOD 10]	**Finnland** [FIN 10]
Jahr	2004/2005	2003/2005	1999/2000	2000/2001
Verantwortlich für die Durchführung	IFP	IFTH	UCL	FINATEX
Land	**Deutschland** Size Germany [SIZEG 10]	**Niederlande** Nedscan [NED 10]	**China** [CNI 10]	**USA** Size USA [SIZEU 10]
Jahr	2007/2008	2000/2002	1999/2000	2002/2003
Verantwortlich für die Durchführung	BPI Hohenstein	Arbeitsgruppe der CAESAR[2]-Projekt		Arbeitsgruppe der CAESAR[2]-Projekt

[2] Civilian American and European Surface Anthropometry Resource

Land	Südkorea Size Korea [ATS 10]	Brasilien [ABR 10]	Spanien [IBV 10]	Schweiz Size Suisse [HUM 11]
Jahr	2003/2004		2007-2008	2009/2010
Verantwortlich für die Durchführung	ATS	Abravest	IBV	FAMACO

Einige Länder führten bisher keine eigenen Reihenmessungen durch und verwendeten die Körpermaßtabellen anderer Nationen. Bis zur Reihenmessung Size Suisse, die 2010 beendet wurde, hat sich die Schweiz an den Ergebnissen der deutschen Messungen orientiert [HUM 10].

Für die Bekleidungskonstruktion sind, wie bereits ausführlich erläutert, neben den Körpermaßtabellen auch die anthropometrischen Zusammenhänge des Körperbaus wichtig. Als Anhaltspunkte für die vertikale Unterteilung des Menschen und die darauf aufbauenden Konstruktionsgrundlagen gelten die Schulter-, Brust-, Taillen-, Gesäß-, Oberschenkel-, Knie-, Waden- und Fußlinie. Bei einer ebenmäßig und proportional gebauten erwachsenen Figur können wesentliche Konstruktionslinien durch eine Achtelteilung des Körpers ermittelt werden (Abb. 2-9). Die Teilung 1:8 entspricht in etwa der Kopfhöhe [KOS 90].

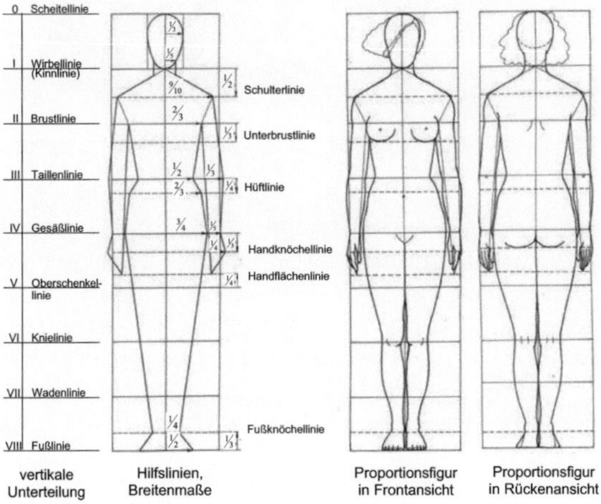

Abbildung 2-9: Achtelteilung des erwachsenen Körpers [KOS 90]

Dieses Verhältnis von 1:8 verschiebt sich zu 1:7.5, wenn ein Körper einen pyknischen Körperbautyp aufweist [PET 06].

Ziel der industriellen Bekleidungsfertigung ist es, auf Basis von Standardmaßtabellen eine möglichst großen Anteil der Bevölkerung mit gut passender Bekleidung zu versorgen. Die Körpermaße und die anthropometrischen Gesetzmäßigkeiten hinsichtlich der Körperabschnitte zueinander (z. B. Oberkörper zu Unterkörper) bieten jedoch noch nicht ausreichend Informationen, um die dreidimensionale Körperform realistisch zu beschreiben. Gleiche Umfänge, z. B. im Bereich der Taille, können in x- und y-Richtung sehr unterschiedliche Abmessungen aufweisen.

Neue Untersuchungen der Figurtypologien sind für die Bekleidungskonstruktion enorm wichtig, da sie zur Verbesserung der Schnittkonstruktion und damit der Passgenauigkeit der Kleidung beitragen können.

Wie die Literaturrecherche zeigt, geht die Tendenz der Figurtypisierung für Frauen (z. B. LEAPFROG [LEA 10], Hohenstein Institute [MOR 09], [SIE 08], SIMMONS [SIM 02], RASBAND [RAS 04]) dahin, die Körperformen anhand von Geometrien, die die Silhouette des Rumpfes aus der Vorderansicht abstrahieren, zu beschreiben (Abb. 2-10, links). Diese Klassifizierung unterscheidet sich in den Ländern geringfügig. Ethnologisch bedingte Unterschiede in den Körperformen führen zu einer detaillierten Untergliederung der zum Vergleich herangezogenen Geometrien.

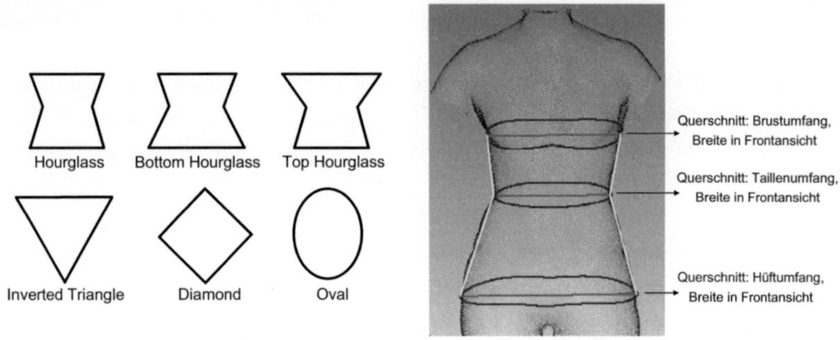

Abbildung 2-10: Links: Geometrien nach [SIM 02]; Rechts: Auswertung der Körperquerschnitte für die Figurtypisierung

Im Rahmen des EU-Forschungsprojektes LEAPFROG [LEA 10] wurden ebenfalls Figurtypologien definiert. Des Weiteren erfolgte im IGF-Vorhaben „Entwicklung parametrischer virtueller Formkörper weiblicher Personen zur dreidimensionalen Konstruktion von körpernaher Bekleidung und Miederwaren“ [SIE 08], [HOE 10] durch die Hohenstein Institute ein Abgleich der Datenbasis der deutschen Frauen mit der Figurtypisierung von LEAPFROG. Dazu werden die Längen der Körperquerschnitte (Abb. 2-10, rechts) in den Höhen von Brust, Taille und Hüfte in der Frontansicht ausgewertet. Sieben unterschiedliche Körpertypen werden festgelegt [SIE 08], [HOE 10]:

Sanduhr:

- die Breite der Körperquerschnitte Brust und Hüfte in der Frontansicht sind gleich oder haben einen Differenz von +/- 1,0 cm,
- die Breite des Körperquerschnitts Taille in der Frontansicht ist mehr als 2,5 cm kleiner als die Breiten der Körperquerschnitte Brust und Hüfte;

Sanduhr unten breiter:

- die Breite des Körperquerschnitts Brust in der Frontansicht ist mindesten 4,0 cm kleiner als die Breite des Körperquerschnitts Hüfte,
- die Breite des Körperquerschnitts Taille in der Frontansicht ist mehr als 2,0 cm kleiner als die Breite des Körperquerschnitts Brust;

Löffel:

- die Breite des Körperquerschnitts Brust in der Frontansicht ist mindesten 4,0 cm kleiner als die Breite des Körperquerschnitts Hüfte,
- die Breite des Körperquerschnitts Taille in der Frontansicht ist gleich oder maximal 1,9 cm schmaler als die Breite des Körperquerschnitts Brust;

Trapez:

- die Breite des Körperquerschnitts Brust ist kleiner als die Breite des Körperquerschnitts Hüfte in der Frontansicht,
- die Differenz zwischen den Breiten der Körperquerschnitte Hüfte und Taille in der Frontansicht ist kleiner als die Differenz zwischen den Breiten der Körperquerschnitte Hüfte und Brust;

Rechteck:

- die Breiten der Körperquerschnitte Brust und Hüfte sind gleich oder unterscheiden sich nicht mehr als 2,0 cm in der Frontansicht,
- die Breite des Körperquerschnitts Taille in der Frontansicht ist gleich oder mit minimalen Unterschied zu den Breiten der Querschnitte Brust und Hüfte;

Oval:

- die Breiten der Körperquerschnitte Brust und Hüfte in der Frontansicht sind kleiner als die Breite des Körperquerschnitts Taille.

Die Abbildung 2-11 verdeutlicht die beschriebenen Merkmale der unterschiedlichen Figurtypen anschaulich. Der Figurtyp „Rechteck" ist hauptsächlich bei großen, schmalhüftigen Größen zu finden. Mit dem Figurtyp „Trapez" werden hauptsächlich starkhüftige Frauen aller Größen beschrieben.

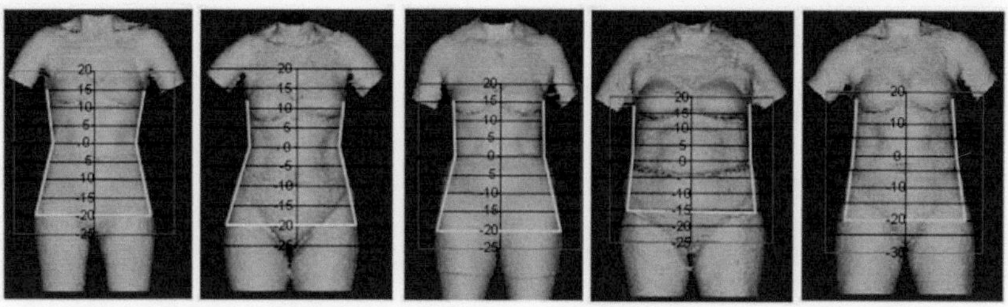

Sanduhr | Sanduhr unten breiter | Löffel | Recheck | Trapez

Abbildung 2-11: Merkmale unterschiedlichen Figurtypen (Auszug) [SIE 08], [HOE 10]

Kenntnisse über die Figurtypen bei starken weiblichen Figuren zu erlangen, erweist sich als besonders schwierig, da diese sehr inhomogene Körper aufweisen. Umfangreiche Untersuchungen dazu erfolgten im Ramen des IGF-Vorhabens „Grundsatzuntersuchung zur Konstruktion passformgerechter Bekleidung für Frauen mit starken Figuren" [MOR 09].

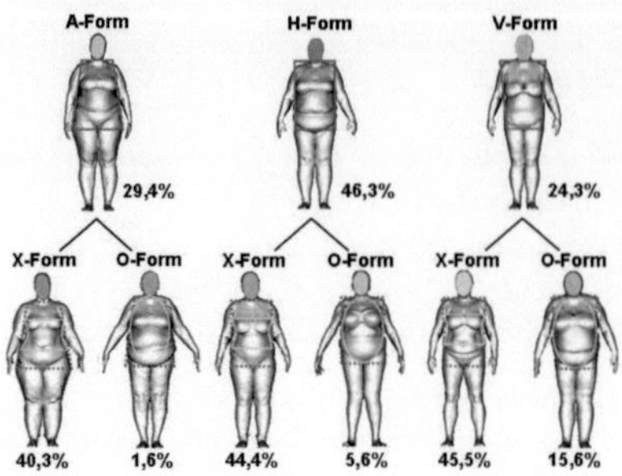

Die prozentualen Angaben beziehen sich auf das Datensample von Größe 48 bis Größe 64 mit insgesamt 2256 Datensätzen [MOR 09]. Da die Taillenlage in der Silhouette nicht so hervorsticht, wie dies bei kleineren Größen der Fall ist, wird die Körperform zunächst in A-, H- und V-Form unterteilt.

Abbildung 2-12: Darstellung der Figurtypen „starke Figuren" [MOR 09]

Weitere Figurtypisierungen, die auf Geometrieobjekten basieren, enthält Anlage 1.

Die Figurtypisierung von DETERING [DET 06] im Forschungsprojekt „Maßkonfektion für Damenoberbekleidung" basiert auf den im Kapitel 2.2 erläuterten Grundlagen der Körpertypisierung. Es wurden folgende Figurtypen definiert:

- muskulöse Athletiker (mesomorph),
- schmächtige Leptosom (ektomorph),
- zum Fettansatz neigende Pykniker (endomorph) und
- Mischformen.

Darüber hinaus werden die Figurtypen „gynoid" und „android" definiert. Die Bezeichnungen kommen aus dem Bereich der Menschmodellierung für Virtual Reality [SCHR 03]. Die damit verbundene Körperform ist jedoch nur schwer erklärbar. Es lässt sich vermuten, dass die Bezeichnung „android" für eher männertypische Figurtypen und „gynoid" für frauentypische Figurtypen verwendet wird (Abb. 2-13, links).

Diese Untersuchungen beinhalten auch eine Figurtypen-Matrix. Die Abkürzung WHR und BMI stehen dabei für „Waist-Hip-Ratio" (Verhältnis zwischen Taillen und Hüftumfang) und für Bodymaßindex (Abb. 2-14, rechts).

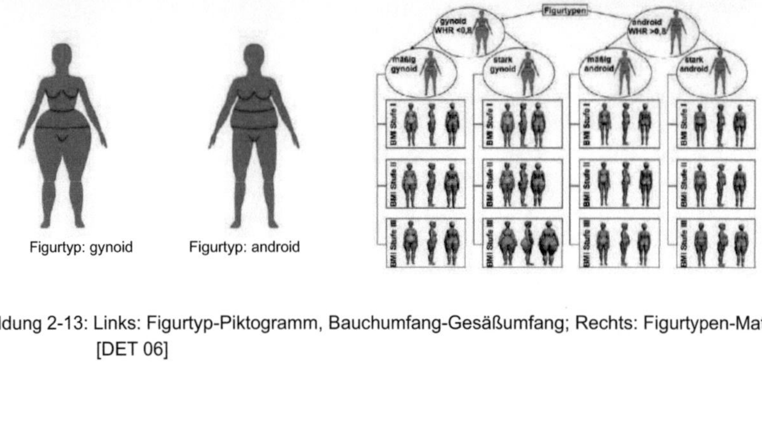

Abbildung 2-13: Links: Figurtyp-Piktogramm, Bauchumfang-Gesäßumfang; Rechts: Figurtypen-Matrix [DET 06]

Erwähnenswert sind auch Studien, die an der Staatlichen Universität für Design und Technologie Moskau durchgeführt wurden [KRI 02]. Hierbei wurde eine komplexe Klassifikation, die eine Vielzahl der anthropometrischen Besonderheiten der weiblichen Figur berücksichtigt, entwickelt. Diese Klassifikation entstand speziell für CAD-Anwendungen. Außer den üblichen Größenmerkmalen werden zusätzliche Charakteristika beachtet, die eine erhebliche Bedeutung für die Bekleidungskonstruktion haben können. Dies sind z. B. der Verlauf der seitlichen, der vorderen und der hinteren Kontur des Körpers und die Verteilung des Fettgewebes.

Die entwickelte Klassifizierung hat eine hierarchische Struktur und besteht aus 10 Merkmalsklassen. Jede Klasse beinhaltet Körpermerkmale, welche sich morphologisch unterscheiden. Die Körpermerkmale teilen sich in verschiedene Figurtypen.

Die Probanden wurden zur Klassifizierung in drei Ansichten, und zwar von vorn, hinten und seitlich fotografiert und anschließend in Corel Draw mit einem Maßstabkoeffizient bearbeitet.

Tabelle 2-5: Auszug aus der typologischen Klassifizierung der weiblichen Körper [KRI 02]

Klassencode	Merkmalsklasse	Merkmalscode	Merkmalsname	Figurtypencode	Figurtyp
01	Hauptmerkmal	1	Körperhöhe	1 2 3	klein normal hoch
		2	Konfektionsgröße	1 2 3	klein mittel groß
		3	Korpulenz	1 2 3 4	1. Gruppe 2. Gruppe 3. Gruppe 4. Gruppe
02	Körperhaltung	1	Haltung	1 2 3	normale Haltung gebeugte Haltung aufrechte Haltung
		2	Schulterlage	1 2 3	niedrig normal hoch
03	Proportionstyp	1	Proportionstyp	1 2 3	mesomorph brachimorph dolchimorph
04	Körperbau	1	Körperbau in der Koronalebene	1 2 3	gleichmäßiger Typ unterer Typ oberer Typ
		2	Körperbau in der Sagittalebene	1 2 3	gleichmäßiger Typ unterer Typ oberer Typ

Klassencode	Merkmalsklasse	Merkmalscode	Merkmalsname	Figurtypencode	Figurtyp
07	Charakteristik der seitlichen Körperkontur	1	Abstehen der Hüftlinie bezüglich der Taillenlinie	1 2 3	wenig normal viel
		2	Abstand vom Hüftpunkt zur Taille	1 2 3	niedrige Hüfte normale Hüfte hohe Hüfte
10	Lage der Taillenlinie	1	Lage der Taillenlinie	1 2	waagerecht nicht waagerecht

Zusammenfassung

Für die Systematisierung der Körperformen für virtuelle Menschmodelle, die künftig als Konstruktionswerkzeug zur 3D-Produktentwicklung in der Bekleidungsindustrie dienen sollen, sind Kenntnisse über die Körperproportionen, die Merkmalspunkte zur Erfassung und Skalierung der Körpermaße und die Vielzahl der zu berücksichtigenden Figurtypen enorm wichtig. Die Herausforderung dieser Arbeit besteht in der Erarbeitung mittlerer 3D-Körper für den Figurtyp „normal". Dieser Formkörper soll unter Berücksichtigung der anthropometrischen Gesetzmäßigkeiten von Größe zu Größe und Figurtyp zu Figurtyp durch eine geeignete Parametrisierung verändert werden können.

3 Computeranthropometrie

3.1 Virtuelle Menschmodelle

Computeranthropometrie (CAA[1]) ist die computergestützte grafische Darstellung und Manipulation des menschlichen Körpers zur Gestaltung und Bewertung von Mensch-Technik-Umwelt-Interaktionen [BAD 93].

Die ersten CAA-Programme sind für den Luftfahrt- und Fahrzeugsektor sowie den militärisch-industriellen Bereich entwickelt worden. Hier kommen autonome Charaktere und auch Avatare zum Einsatz. Autonome Charaktere dienen hauptsächlich der „Bevölkerung" virtueller Welten. Avatare bilden hingegen den Nutzer auf die virtuelle Welt ab. Bei manchen Anwendungen wird der komplette Körper des Nutzers dargestellt, bei anderen findet eine Beschränkung auf bestimmte Körperteile, z. B. auf die Hände, statt. Während bei autonomen Charakteren algorithmischer Aufwand betrieben werden muss, um ihr Verhalten festzulegen, wird das bei Avataren vom Benutzer „diktiert". Ziel ist es, mit Methoden der virtuellen Realität, z. B. eine Cockpit- und Flugsimulation, exemplarisch zu entwickeln und aufzubauen. Danach wird die so entstandene Mensch-Maschine-Schnittstelle auf ihre Nutzbarkeit und Beschränkungen hin untersucht.

Ein Avatar wird oft auch als 3D-Menschmodell bezeichnet. Mit diesem Begriff wird die dreidimensionale Repräsentation des menschlichen Körpers im Computer charakterisiert. Diese Menschmodelle sind bei vollständiger Repräsentation aus Haut, Skelett, Gelenken und Muskeln aufgebaut. Ziel des Einsatzes dieser Modelle ist es, die Anthropometrie abzubilden und Haltungen sowie Bewegungen zu simulieren. Ein virtuelles Menschmodell ist u. a. zur Produktentwicklung, für ergonomische Betrachtungen und zur arbeitswissenschaftlichen Prozessplanung einsetzbar (Abb. 3-1).

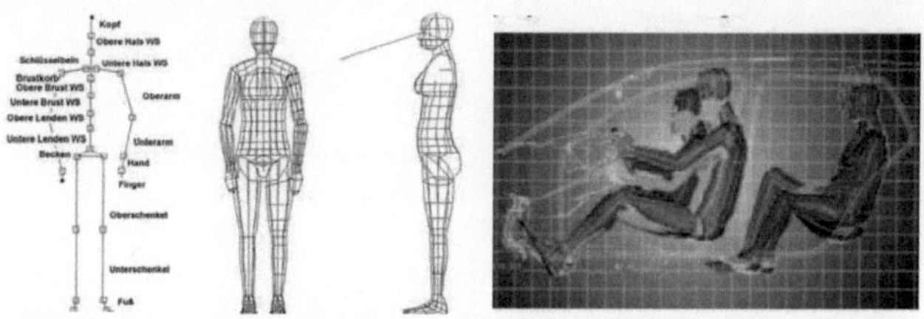

Skelettstruktur äußere Aufbau (Hautschicht) Innenraumauslegung des Kraftfahrzeuges

Abbildung 3-1: Menschmodell RAMSIS [GEU 94], Anwendungsbeispiel

Die erste computergrafische Darstellung einer *HUMAN FIGURE* wurde 1960 von HUDSON kreiert [FET 78]. Sie diente der amerikanischen Boeing Airplane Company zur Simulation der Cockpitsicht während des Landeanfluges. Die 2D-Grafik bestand aus einer Silhouette des Kopfes und der Schulterregion, die mit 12 Punkten und 30 Geraden beschrieben wurde. Die Entwicklung mündete 1968 in die erste CAA-Software *FIRST MAN*, die für Studien am Instrumentenpanel der Boeing 747 eingesetzt wurde und bereits 7 bewegliche Körpersegmente besaß [FET 78].

[1] CAA - Computer Aided Anthropometrics

Parallel zu den Entwicklungen in den USA wurde in England das System *SAMMIE* [CAS 90] entwickelt, das schon perzentilierte Anthropometrien verwendete. Seit dem ist die Entwicklung virtueller Menschmodelle, auch gestützt durch erhebliche Verbesserungen der Hard- und Software, rasant fortgeschritten. In den 80iger Jahren entstanden Menschmodelle wie *ERGOMAN* vom Laboratorie d'Anthropologie Appliguée in Paris, *WERNER* vom Institut für Arbeitsphysiologie an der Universität Dortmund, TOMMY von der TU Dresden [KAM 89], *HEINER* von der TU Darmstadt [SCHA 88] sowie *ANYBODY* und *ANTHROPOS* von der deutschen Firma IST. Außerdem zu nennen sind die Modelle *SAFEWORK* (School Polytechnique Montreal) und *JACK* (unter Federführung der NASA in Zusammenarbeit mit der Universität von Pennsylvania) [BAD 93]. Das virtuelle Menschmodell *SAFEWORK* bietet die Möglichkeit, mit Hilfe inverser Kinematik die Bewegungen zu simulieren. *JACK* wurde mit einer anthropometrischen Datenbank ausgestattet und hat eine bewegliche Wirbelsäule sowie Gelenke. Das biomechanische Menschmodell *ALASKA / DYNAMICUS* der TU Chemnitz [IFM 11] ist mit einer Segmentbibliothek der Körperteile mit variabel definierbaren Bewegungsmöglichkeiten für Analysen im Hochleistungssport, in der Sportgerätetechnik, in der Rehabilitation, sowie in der Unfallmechanik ausgestattet.

Computersimulierte Menschmodelle für die Unterstützung der Entwicklung von Produkten, z. B. unter ergonomischen Gesichtpunkten, werden inzwischen durch ca. 90 und mehr, teilweise fünfachsige Gelenke abgebildet, die biomechanisch korrekte Bewegungen erlauben (z. B. *ANTROPOS, HUMAN BUILDER*).

Speziell im Automobilbereich werden immer häufiger 3D-Menschmodelle eingesetzt, um Fahrzeuge, die zunächst nur in Form von CAD-Daten vorliegen, hinsichtlich ihres Komforts bzw. ihrer Ergonomie sowie der Auslegung von Sicherheitsgurten zu bewerten. Bei der Gestaltung von Fahrerarbeitsplätzen sowie der Auslegung von Verstellbereichen sollen die Körperabmessungen, die Körperhaltungen und das Empfinden des Menschen als Grundlage und Referenz dienen. Als Hilfsmittel zur Beantwortung ergonomischer Fragestellungen kommen anthropometrische Normwerttabellen zum Einsatz [LEN 08], [SCHR 03].

Ende der 80er Jahre wurde in Deutschland in Zusammenarbeit mit der deutschen Automobilindustrie, der Katholischen Universität Eichstätt, der Firma tecmath und dem Lehrstuhl für Ergonomie der Technischen Universität München das Menschmodell *RAMSIS*[2] entwickelt [GEU 94]. *RAMSIS* ist speziell auf die Bedürfnisse der Automobilindustrie zugeschnitten und wird in den Bereichen Anthropometrie, Haltungs- und Bewegungsanalyse sowie Komfort, aber auch für die statistische Auswertung bzw. Modellierung der erhobenen Daten zur Erstellung von konstruktionsrelevanten Typologien verwendet. Das virtuelle Menschmodell besteht aus einem inneren und einem äußeren Modell. Durch die Lage und Funktion der Gelenkpunkte werden die Kinematik und die anthropometrischen Längen bestimmt. Das innere Modell übernimmt die Funktionen des menschlichen Skeletts, ist unabhängig vom äußeren Modell und dient als Gerüst für die Haut. Bei der Struktur des inneren Modells unterscheiden sich die Modelle für Mann und Frau nicht (Abb. 3-1). Die Maße für das Modell der Frau wurden lediglich entsprechend der Längenunterschiede skaliert.

[2] *RAMSIS* - Rechnergestütztes Anthropologisch-Mathematisches System zur Insassen Simulation

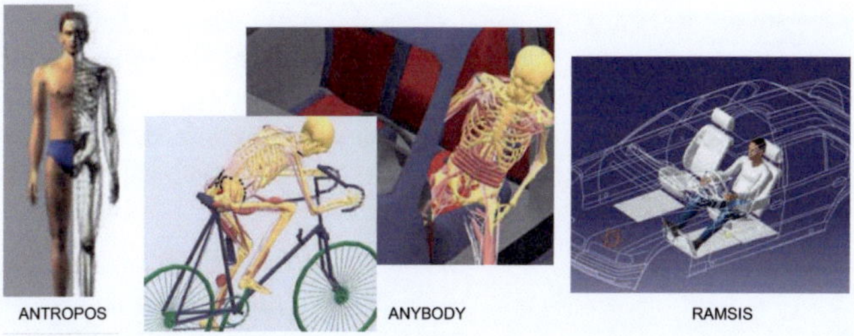

Abbildung 3-2: Beispielhafte 3D-Menschmodelle *ANTROPOS* [LIP 08], *ANYBODY* [ANY 11] und *RAMSIS* [HUM 11]

Die 3D-Menschmodelle sind mit vielen, variabel zu nutzenden Ressourcen ausgestattet, deren geringste Veränderung zur Weiterverarbeitung in allen Modulen des Systems registriert wird. Mögliche Ressourcen zur Modelländerung sind Nationalität, Geschlecht, Alter, Körpergröße, Perzentile, Akzelerationsfaktoren oder Somatotyp.

Anthropometrische Datenbanken, die der Anpassung der Menschmodelle an Körpermaße dienen, sind statistisch aufbereitete Daten von Reihenmessungen (vgl. Kap. 2). Die Messergebnisse sind nach Perzentilen[3] geordnet und stehen in umfangreichen Listen zur Verfügung. Sie sind nach Geschlecht und Körpergrößengruppen klein (5%), mittel (50%), groß (95%) unterteilt. Da es jedoch innerhalb der Gruppen auffallende Unterschiede gibt, werden diese bei erarbeiteten Datenbanken als Plus-Minusabweichungen angegeben.

Zusammenfassende Beschreibungen zu den Menschmodellen sind u. a. in [BAH 89], [HER 89], [BAD 93], [BAU 01], [SEI 99], [LEN 08], [RÖS 97], [SCHR 03], [GEU 94], [SEI 03], [ROB 02], [LIP 08], [MÜH 08], [SCHM 11], [SPA 10] zu finden. Eine schematische Darstellung der allgemeinen Daten und Funktionen ist in der Abbildung 3-3 dargestellt. Für diese Forschungsarbeit sind die relevanten Ressourcen der Menschmodellierung rot markiert.

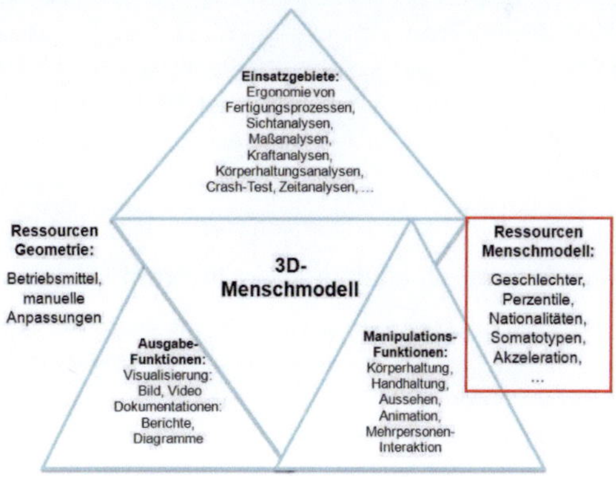

Abbildung 3-3: Allgemeine Daten und Funktionen der 3D-Menschmodelle, Anlehnung an [SPA 10]

[3] Perzentil (lat. Hundertstelwert) - Bewertungsgröße aus der statistischen Auswertung von Messergebnissen, bezogen auf 100 % der Messwerte. In der Anthropometrie sagt ein Perzentil aus, wie viel Prozent einer Messreihe ein Körpermaß unterschritten hat. Zum Beispiel das 95 Perzentil bedeutet, dass bei 95 % der vermessenen Personen das Körpermaß kleiner ist als der angegebene [BAU 01].

Ziel für viele Anwendungen ist es, anatomisch korrekte 3D-Menschmodelle zu erzeugen (z. B. Menschmodell der Zygote Media Group), die in erster Linie als Lehrmaterial der pharmazeutischen und medizinischen Forschung dienen. Äußerst genaue Volumenkörpermodelle des menschlichen Körpers beinhalten Skelett, innere Organe (z. B. Herz), Arterien, Nerven und Muskelgewebe und sind auf Basis von Computertomographien erstellt worden [WAN 09].

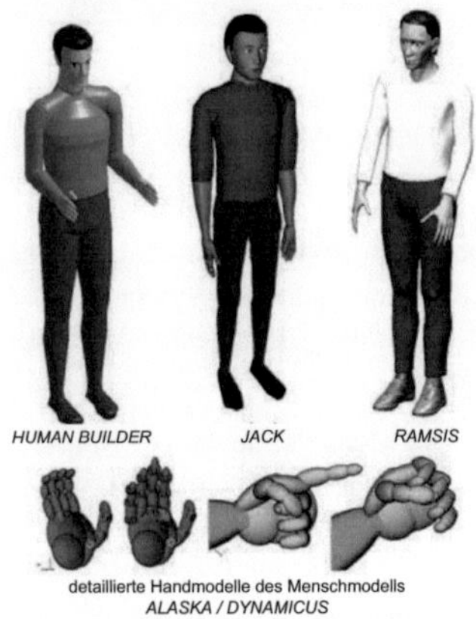

Die in diesem Kapitel dargestellten Menschmodelle (Abb. 3-1, 3-2, 3-3) dienen unterschiedlichen Produktentwicklungszielen und ergonomischen Untersuchungen. Die Anwendungsgebiete erstrecken sich dabei u. a. von Crash-Simulationen bis hin zu Bewegungssimulationen und -analysen durch eine detaillierte Darstellung einzelner Körperteile und Bewegungen für Sport- und Medizinanwendungen. Die **realitätsnahe** Visualisierung der Körperoberfläche ist dabei je nach Anwendungsgebiet nur auf einzelne Körpersegmente beschränkt. Die gesamte Oberfläche ist zu ungenau beschrieben.

Abbildung 3-4: Beispiele der gegenwärtigen digitalen Menschmodelle (oben) [MÜH 08], spezielle Anwendungen [IFM 11]

Zusammenfassung

Wesentliche Nachteile der beschriebenen Modelle der Computeranthropometrie in Verbindung mit dieser Arbeit sind die zu ungenaue Abbildung der menschlichen Körperformen in ihrer Vielfalt sowie die fehlende Trennung männlicher und weiblicher Modelle. Je nach virtuellem Menschmodell werden einzelne Körpersegmente nicht detailgetreu abgebildet. Außerdem basieren die meisten 3D-Menschmodelle auf einer für die Bekleidungskonstruktion unzureichenden Anzahl von Körpermaßen bzw. nur auf Perzentil-Angaben und sind für die technologischen Anforderungen des Modellentwurfs sowie der Schnittgenerierung bisher nicht geeignet.

3.2 Optische Formerfassung anatomischer Körper

In den letzten 20 Jahren wurden Methoden geschaffen, um anatomische Körper berührungslos, sekundenschnell und automatisch dreidimensional zu erfassen. Die 3D-Formerfassung anatomischer Modelle ist notwendig, wenn kein rechnerinternes Modell vorliegt, aber eine rechnerinterne Darstellung sowie die weitere Verarbeitung und/oder Modellmodifikation vorgesehen sind oder eine virtuelle Präsentation beabsichtigt wird [SCHÖ 09], [KRZ 05]. Die optische Formerfassung wird auch als Digitalisierung bezeichnet. Die Digitalisierung ist das Erfassen der Oberflächenkontur der Objekte mit Hilfe entsprechender Technik - der Digitalisierungssysteme oder Scanner. Anatomische Objekte werden in der Regel durch berührungslos arbeitende Systeme erfasst, um die Weichteiledeformation zu vermeiden. Die Abbildung 3-5 stellt ein Schema der 3D-Messverfahren und die Einbindung der optischen Formerfassung, u. a. anatomischer Objekte, in dem Gesamtschema „3D-Messverfahren“ dar.

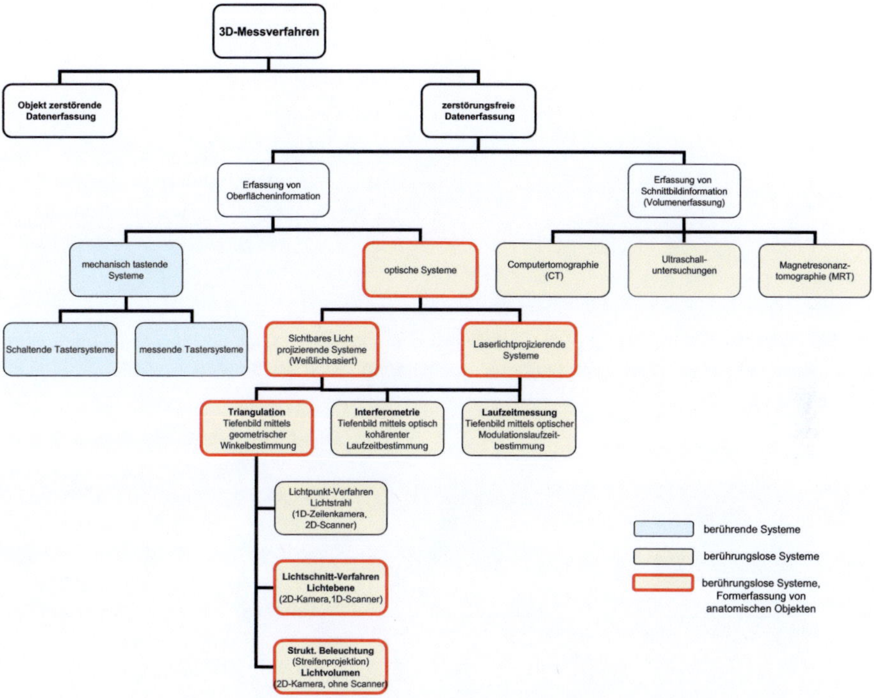

Abbildung 3-5: Einbindung der Systeme für die Formerfassung anatomischer Objekte in dem Gesamtschema „3D-Messverfahren“ nach [BEY 02], [SCHW 97], [SCHÖ 09], [KRZ 05]

Optische Methoden zur 3D-Formerfassung anatomischer Objekte bieten mit der Schaffung eines digitalen Abbildes die notwendigen Voraussetzungen für konstruktive Anwendungen.

Speziell für die flächenhafte Formerfassung ist eine gute relative Tiefenauflösung, in Abhängigkeit vom verfahrensbedingten Arbeitsabstand des Sensors zur Messoberfläche, wichtig. Die technischen Verfahren zur berührungslosen Erfassung von Tiefenbildern nutzen die Prinzipien der Triangulation, der Interferometrie und der Laufzeitmessung [SCHW 97], [TIZ 99], [ÖZK 09].

Das Grundprinzip der **Triangulation** wird für eine Vielzahl optischer Messsysteme angewendet. Es handelt sich um ein geometrisches Verfahren, bei dem aufgrund einfacher Dreiecksbeziehungen die gesuchte geometrische Größe berechnet wird. Durch die zwei Beobachtungspunkte $B_{1;2}$ und den Messpunkt M wird ein Dreieck aufgespannt, wie in Abbildung 3-6 dargestellt. Bei bekannter Basislänge D_b zwischen den Beobachtungspunkten und den gemessenen Winkeln α und β lässt sich der Abstand z des Messpunktes M von der

Basislinie D berechnen. Sind zudem die zweidimensionalen Koordinaten der Beobachtungspunkte $x_{1;2}$ und $y_{1;2}$ bekannt, lassen sich die Messpunktkoordinaten x_M und y_M durch den Vorwärtsschnitt berechnen [ÖZK 09].

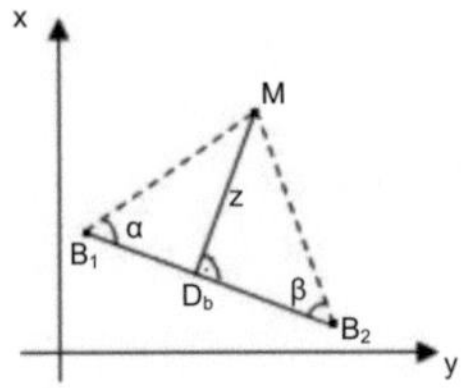

$$z = D_b \frac{\tan\alpha \cdot \tan\beta}{\tan\alpha + \tan\beta}$$

$$y_M = \frac{y_2 \tan\beta + y_1 \tan\alpha - (x_2 - x_1)\tan\alpha \tan\beta}{\tan\alpha + \tan\beta}$$

$$x_M = \frac{x_2 \tan\beta + x_1 \tan\alpha + (y_2 - y_1)\tan\alpha \tan\beta}{\tan\alpha + \tan\beta}$$

Abbildung 3-6: Triangulationsprinzip [ÖZK 09]

Die optische Formerfassung der anatomischen Objekte erfolgt vorrangig mittels Laser-Lichtschnittverfahren oder strukturierter Beleuchtung, auch als Streifenprojektion (Weißlicht) bezeichnet.

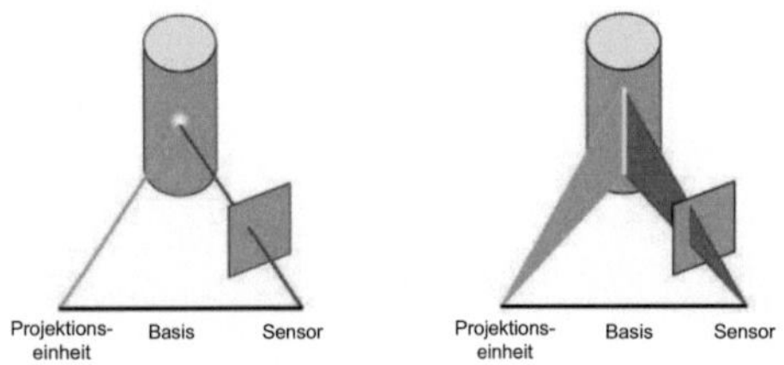

Das **Laser-Lichtschnittverfahren** ist eine Weiterentwicklung des Laser-Triangulation-Prinzips (Lichtpunktverfahren). Bei den Laser-Lichtschnittverfahren wird eine linienförmige Beleuchtung des Objektes in Verbindung mit einer zweidimensionalen Flächenkamera genutzt (Abb. 3-7) [ÖZK 09].

Abbildung 3-7: Links: Lichtpunktverfahren; Rechts: Lichtschnittverfahren

Um eine komplette Fläche als 3D-Punktwolke zu messen, müssen entweder das Prüfobjekt oder das Messsystem bewegt werden. Bei der Erfassung anatomischer Objekte mittels Bodyscanner, die auf dem Laser-Lichtschnittverfahren basieren, wird das System (Kameras und Laser) in Bewegung gesetzt, um den gesamten Körper zu erfassen. Dieses Verfahren zeichnet sich durch eine hohe Erfassungsgeschwindigkeit und Flexibilität aus, ist jedoch auf sehr stabile Umgebungsparameter, wie gleichbleibende Lichtverhältnisse und keinerlei Vibration, angewiesen.

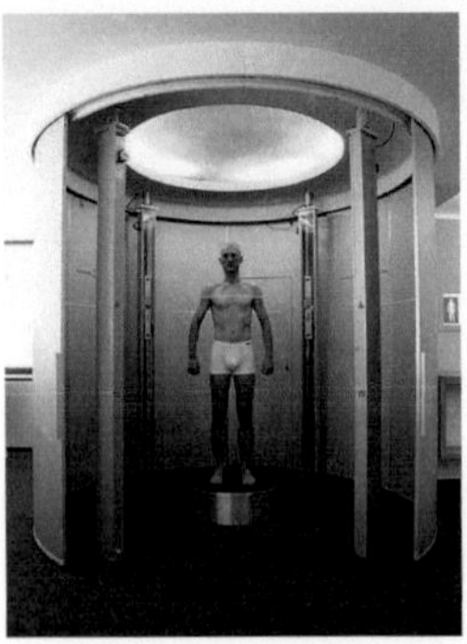

Der Ganzkörperscanner der Firma Human Solutions (Abb. 3-8) arbeitet nach dem Prinzip des Laser-Lichtschnitt-Verfahrens.

Abbildung 3-8: Ganzkörperscanner der Firma Human Solutions [HUM 10]

Das **Verfahren mit strukturierter Beleuchtung** bildet mit Projektoren flächenhaft ein Muster auf der Oberfläche ab, so dass der Scanvorgang entfällt. Dabei werden die Scanverfahren, je nach Art des Musters, unterschiedlich benannt. Den Verfahren ist gemeinsam, dass mittels eines Projektors ein Lichtmuster auf das Messobjekt projiziert wird und die Szene mit (mindestens) einer zweidimensionalen Kamera abgelichtet wird [ÖZK 09]. Die meisten der heute eingesetzten Systeme benutzen das Streifenprojektionsverfahren, bei dem ein feines schwarz-weißes Linienmuster auf das Messobjekt projiziert wird (Abb. 3-9). Die Auswertung erfolgt durch die Darstellung der spezifischen Projektions- und Beobachtungswinkel zur Lösung der Triangulationsgleichung. Bei bekannter Basislänge b zwischen Projektor und Kamera lassen sich die Koordinaten der abgelichteten Streifen berechnen [LUH 00], [NOT 02], [ÖZK 09].

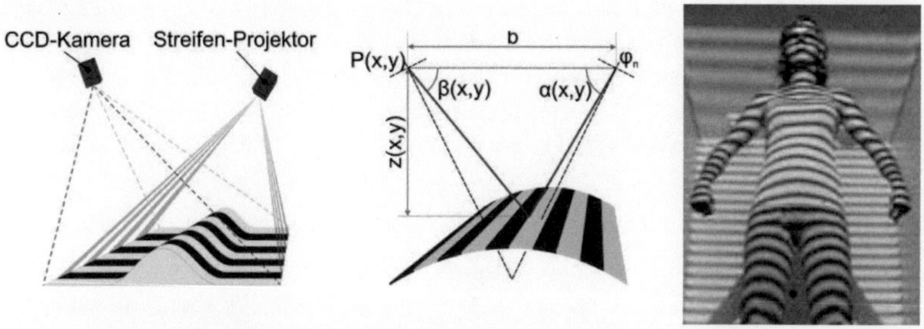

Abbildung 3-9: Prinzip der Streifenlichtprojektion, Messprinzip Triangulation [ÖZK 09] und Anwendung auf anatomische Körper [SYM 10]

Die Messhaltung der Person während des Scanprozesses hängt maßgeblich von der späteren Datenverwendung ab. Das Scannen der Personen erfolgt in eng anliegender Unterwäsche, um die Körperfläche möglichst wenig zu verfälschen [DIN20685 05], [KRZ 05].

Da ein Mensch nur sehr begrenzte Zeit still stehen kann, müssen die dafür eingesetzten Messsysteme eine hohe Messgeschwindigkeit besitzen. Die Messzeiten für einen Ganzkörperscan liegen gegenwärtig bei ca. 1 - 20 Sekunden (in Abhängigkeit vom Messprinzip). Um den ganzen Menschen zu erfassen, ist eine Scanvolumen von mindestens 1,0 m x 0,8 m Grundfläche und 2,1 m Höhe erforderlich. Eine ausreichende Erfassungsgenauigkeit der Oberfläche ist durch ein Oberflächenraster möglichst unterhalb von 5 mm x 5 mm zu sichern [KRZ 05], [HAM 06]. Die Anlage 2 enthält einen Überblick der wesentlichsten Bodyscanner, die zur Formerfassung am Menschen eingesetzt werden.

Folgende Aspekte sind für den Anwender der Scanner von Bedeutung: absolute Genauigkeit, Messzeiten, Mobilität, Zuverlässigkeit, einfache Kalibrierung, Robustheit gegenüber Umwelteinflüssen und Fehlbedienungen sowie niedrige Investitions- und Betriebskosten.

Nach der Vermessung steht dem Anwender eine große Anzahl von Punktedaten (auch Punktewolke genannt, vgl. Kap. 6) zur Verfügung. Derzeit werden die mittels berührungsloser Körpervermessung gewonnenen Daten in der Bekleidungsindustrie vorrangig zur Bereitstellung individueller Körperdaten für die 2D-Maßkonfektion, die Entwicklung von Individualbüsten für Firmen oder zur Generierung von Körpermaßtabellen aus Reihenmessungen eingesetzt. Die meisten Anbieter der Bodyscanner offerieren Softwarelösungen, die eine automatische Vermessung des Menschen ermöglichen. Die erhobene Anzahl der Körpermaße differiert dabei.

Die automatische Körpermaßerfassung bietet gegenüber dem manuellen Vermessen mit dem Maßband oder anthropologischen Messinstrumenten folgende Vorteile:

- **Inter- und intrapersonelle Streuungen werden ausgeschlossen.**

Die Erfahrungen bei Reihenmessungen haben gezeigt, dass das Messergebnis insbesondere durch die Messpersonen beeinflusst werden kann. Eine Messperson kann, je nach persönlicher Verfassung, ein und denselben Probanden manuell verschieden vermessen. Die Ergebnisse können auch streuen, wenn verschiedene Messpersonen einen Probanden vermessen [RIS 98]. „Erfahrungen zeigen, dass Maßabweichungen zwischen den Messwerten verschiedener Messpersonen von +/- 3 cm auftreten können und durchaus nicht selten sind" [SEI 01]. Das automatische Messsystem liefert demgegenüber immer gleiche Ergebnisse. Die Messmethoden sind standardisiert (vgl. Kap. 2). Die existierende Vorschrift in Form der DIN EN ISO 20685 „3D-Scanverfahren für international kompatible anthropometrische Datenbanken" [DIN20685 05] legt Verfahren für die Anwendung von 3D-Scansysteme für die Gewinnung von Daten zur Form des menschlichen Körpers fest. Körpermaßdefinitionen und Messvorschriften sind ebenfalls durch die ISO-Normen (z. B. ISO 8559, ISO 7250) festgelegt.

- **Die Messinformationen sind dokumentiert und damit jederzeit nachvollziehbar.**

Nach der Vermessung sind beim manuellen Messen außer den erfassten Körpermaßen keine weiteren Informationen über den Körper (z. B. die exakte Position des Maßnehmens, die Körperproportionen) mehr vorhanden [RIS 98]. Beim automatischen Vermessen können nachträglich anhand der zur Verfügung stehenden Punktewolke Maße genommen und Änderungen vorgenommen werden.

- **Für das automatische Vermessen wird weniger Zeit benötigt.**

Mit dem derzeit üblichen manuellen Vermessen ist ein erheblicher Zeitaufwand verbunden. Diese Zeit verkürzt sich beim automatischen Vermessen, je nach Messverfahren, bis auf wenige Sekunden.

- **Die Umsetzung der Messvorschriften erfolgt automatisch.**

Zur Umsetzung der manuellen Messvorschriften und zur Interpretation der Messergebnisse ist ein großes Fachwissen erforderlich. Nur damit können relativ sichere Messergebnisse erzielt werden. Beim automatischen Vermessen wird dieses Expertenwissen in Form der Software zur Auswertung der Messdaten bereitgestellt. Die Messungen werden nach Erkennung der individuellen Körpermerkmale (z. B. Spitze des siebten Halswirbels, obersten Punkt der Kniescheibe) oder mit Hilfe der aufgebrachten Oberflächenmarkierungen durchgeführt und durch die Längen-, Umfangs- und Winkelmaße bestimmt. Eine interaktive Korrektur der Messposition ist möglich Die Festlegung der Scanhaltungen bei der Reihenmessungen (z. B. SizeGermany [SIZEG 10]) erfolgt entsprechend dem Standard für Messungen mit Bodyscannern ISO 20685. Die Maße werden in Anlehnung an die internationalen Standards ISO 8559 bzw. EN 13402 (Bekleidungsmaße) und ISO 7250 (Technische Ergonomie) bestimmt.

Des Weiteren wurden in den letzten Jahren auf Basis von Scandaten zahlreiche Menschmodelle für computergrafische Anwendungen entwickelt [ALL 03], [BRU 10]. Exemplarisch sind hier die Ergebnisse der University of Washington [ALL 03] dargestellt. Ein Ziel dieser Entwicklung war es, mit Hilfe von wenigen Parametern eine große Spannweite von Menschmodellen realitätsnah abzubilden. Die Scandaten stammen aus dem CAESAR-Projekt [SIZEU 10].

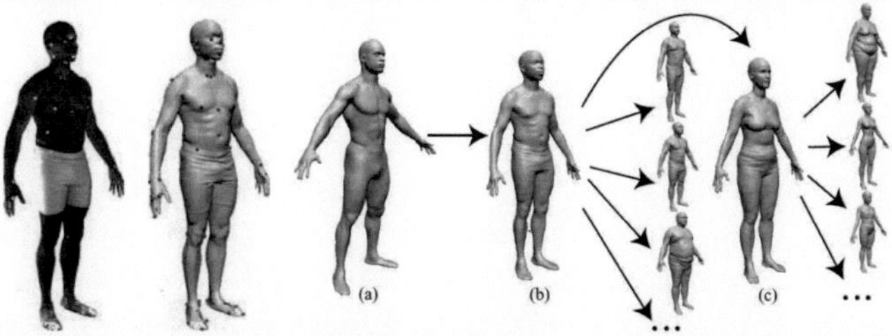

Abbildung 3-10: Scan mit Textur und weißen Marker-Positionen; Basis-Scan für die weitere Parametrisierung männlicher und weiblicher Menschmodelle [ALL 03]

Basis für die weitere Skalierung der männlichen Menschmodelle ist ein „wasserdichtes" Polygonmodell. Aus diesem Netz mit anthropometrischen Markern werden weitere Körpergrößen und -typen skaliert. Das Netz gilt auch als Vorlage für die Parametrisierung weiblicher Menschmodelle.

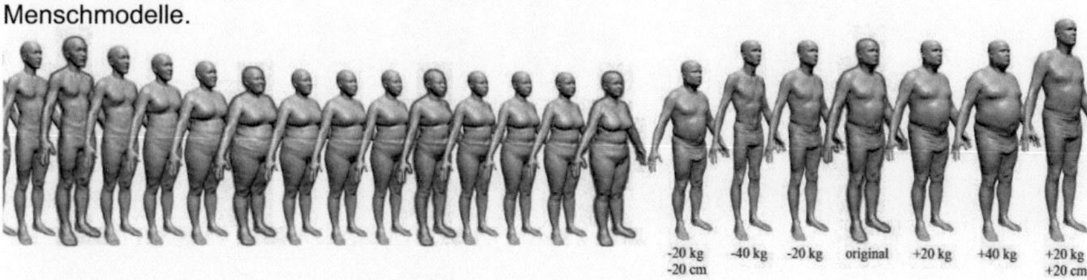

Abbildung 3-11: Skalierung der Körpertypen [ALL 03]

Die Skalierung der Körpertypen erfolgt dabei unter Berücksichtigung von Körperhöhen- und Gewichtsangaben. Die rot markierten Datensätze sind die Ursprungsscans. Die entstandenen Menschmodelle resultieren aus der Veränderung eines personenindividuellen Datensatzes. Eine Kontrolle der Körperform und –maße mit mittleren Körpern, die aus einer Vielzahl von Datensätzen gewonnen werden können, erfolgte nicht.

3.3 Virtuelle weibliche Menschmodelle für den Einsatz zur Produktentwicklung in der Bekleidungsindustrie

Ungeachtet des vermehrten Einsatzes von Bodyscannern zur Erfassung von Körpermaßen und -formen als 3D-Daten werden zur Bekleidungskonstruktion derzeit vorrangig 2D-CAD-Lösungen eingesetzt. Die Abbildung der Körper- und gewünschten Produktform durch 2D-Konstruktionen erfolgt nur empirisch. Dies führt zu einem Qualitäts- und Zeitverlust, der durch eine virtuelle, teils automatisierte Produktentwicklung auf einem virtuellen Formkörper deutlich verringert werden soll. Zur Unterstützung bieten sich hierbei 3D-Visualisierungssoftware für die virtuelle Passformsimulation sowie 3D-CAD-Lösungen an, die sich momentan im Entwicklungsstadium befinden [KRZ 08], [PAU 10].

- **3D-Passformsimulationsoftware**

Die wichtigsten Anbieter von Software zur Passformsimulation sind *OPTITEX* (PDS 11) [OPT 11], *LECTRA* (Modaris 3D-Fit) [LEC 10], *BROWZWEAR* (V-Stitcher, V-Styler) [BRO 10] und die Firma *ASSYST* (Vidya) [ASS 10].

Die Passformsimulation dient der Reduzierung der Musternäherei und der damit verbundenen Personal- und Materialkosten. Die zweidimensionalen Schnittteile werden virtuell genäht. Bei der Simulation ist es von Bedeutung, den Stoff hinsichtlich seines Deformationsverhaltens weitestgehend realitätsnah zu beschreiben. So ist es möglich, die technologische Umsetzung des Designs durch zweidimensionale Schnittteile zum gewünschten Modell zu beurteilen und gegebenenfalls Änderungen vorzunehmen. Notwendige Modifikationen erfolgen derzeit vorrangig zweidimensional und erfordern eine erneute Überprüfung [KRZ 05].

Erste Ansätze zur Modifikation der Schnittteile in 3D (Abb. 3-12) werden im Rahmen des europäischen Forschungsprojektes LEAPFROG [LEA 10] sowie bei Modaris 3D-Fit, *LECTRA* [LEC 12], untersucht. Einfache Änderungen, z. B. der Form des Halsausschnittes am dreidimensionalen Kleidungsstück, die dann in das zweidimensionale Schnittteil übernommen werden, werden auch von Software 3D Mannequin von *JULIVI CAD* System [JUL 10] unterstützt.

Abbildung 3-12: Modifikation der Schnittteile in 3D mit V-Stitcher [BRO 10]

Für die Simulation von Bekleidung am Computer ist es wichtig, über geeignete virtuelle Modelle menschlicher Körper zu verfügen, an welchen die Kleidung getestet werden kann. Die Güte des Simulationsergebnisses hängt u. a. von dem Menschmodell ab. Das Modell soll korrekte Maße, Haltungen und zunehmend auch Bewegungen simulieren, so dass die Interaktion zwischen Mensch und Kleidung analysiert und zielsicherer gestaltet werden kann.

Für die virtuelle Passformsimulation werden derzeit

- Basisfigurinen (3D-Menschmodelle),
- individuelle Kundenkörper (3D-Bodyscan) bzw. angepasste Scanatare,
- interaktiv veränderliche synthetische Körper auf Basis von Polygonnetzen, oft auch Avatare genannt, eingesetzt.

Abbildung 3-13: Simulation eines Bekleidungsstückes auf der Basisfigurine, Beispiellösungen von Modaris 3D-Fit [LEC 10], V-Stitcher [BRO 10] und PDS 10 [OPT 11]

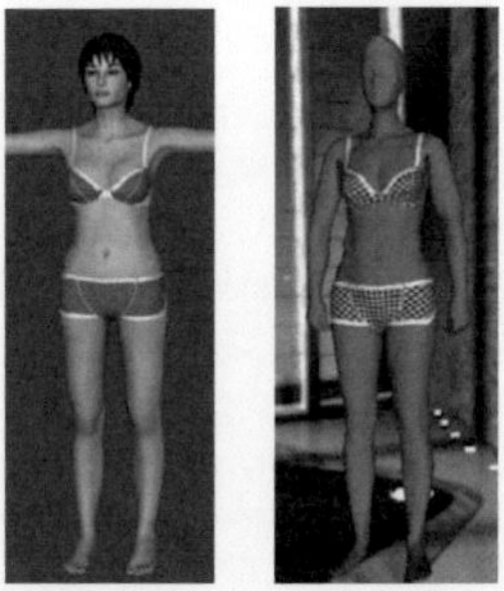

Abbildung 3-14: Avatar und Scanatar von *HUMAN SOLUTION*, integriert in Vidya [BAL 10]

Zwei Beispiele der interaktiv veränderlichen synthetischen Körper auf Basis von Polygonnetzen sind in Abbildung 3-15 dargestellt.

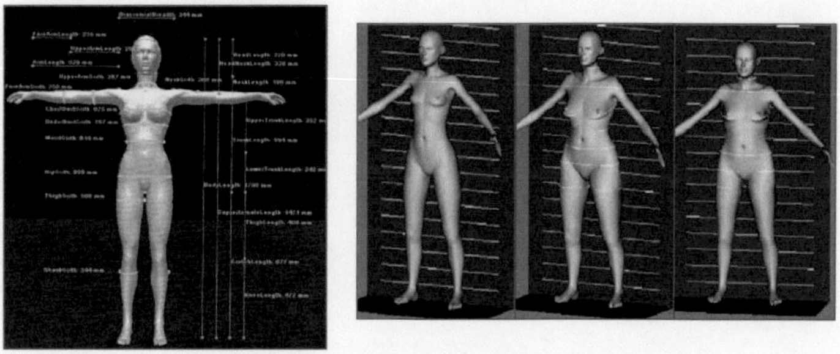

Abbildung 3-15: Veränderliche synthetische Körper der FH Darmstadt [BÖH 05] (links) und der Gesellschaft für angewandte Informatik Berlin (GFaI) [PAU 10] (rechts)

An synthetische Körper auf Basis von Polygonnetzen (Abb. 3-16, links) sowie an die 3D-Bodyscandaten (Abb. 3-16, rechts) kann auch nachträglich eine Skeletthierarchie angepasst werden.

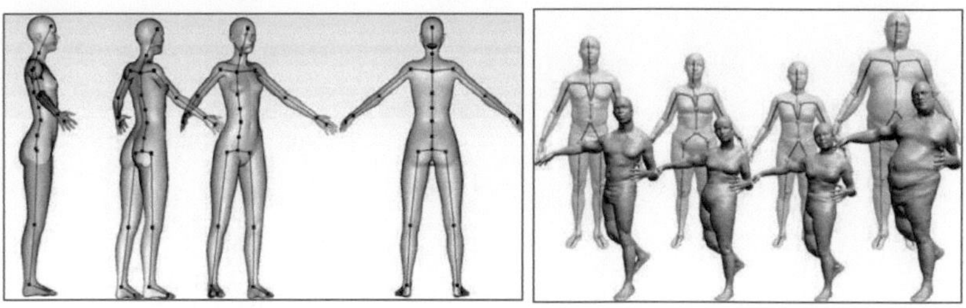

Abbildung 3-16: Anpassung der Skeletthierarchie; Links: synthetische Körper der GFaI, Berlin [KLE 10], [PAU 10] und eingescannte Modelle, University of Washington [ALL 03]

Zur Passformsimulation muss die Größe der virtuellen Figurine (z. B. 38, 40, 42,...) mit der Größe der Schnittteile übereinstimmen. Dafür werden synthetische Avatare parametrisiert. Eine Beeinflussung der Haltung sowie Posenänderungen sind teilweise möglich.

Softwareanbieter bemühen sich, Optionen anzubieten, mit denen Avatare durch Veränderung der Einzelmaße äquivalent zu bestehenden Maßtabellen erzeugt werden können. Darüber hinaus können die Anwender synthetische Avatare mittels Parametervariation an personenindividuelle Daten anpassen. Bei der Veränderung eines Parameters der Figurine erfolgt teilweise keine proportionale Änderung der Oberfläche, z. B. bis zum nächsten Umfangsmaß [LEC 10]. Da sich die Softwareentwicklung zunächst auf das größte Marktsegment der Bekleidungsindustrie in Form mittlerer Größen orientiert, bedarf es bei den notwendigen Veränderungen der synthetischen Avatare hin zu großen Größen einer ziemlich aufwendigen Nacharbeit (Abb. 3-17).

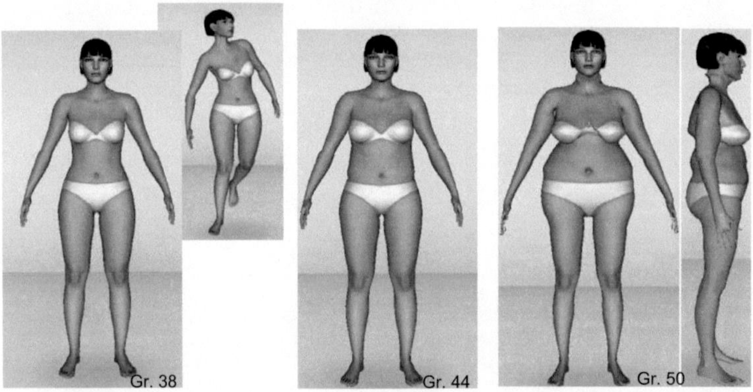

Abbildung 3-17: Basisfigurine in Gr. 38 mit Posenänderung; Basisfigurine in Gr. 44 und 50, Änderung der Körperkennmaße nur nach Vorgabe der Maßtabelle ohne Nacharbeit [ITM 10]

Bei anderen Simulationsprogrammen erfolgt bei der Variation eines Parameters die Änderung der anliegenden Flächen der Figurine proportional, so dass ein gutes optisches Erscheinungsbild gewährleistet wird (Beispiel: PDS 10 [OPT 11], Abb. 3-18). Die Oberflächen sind jedoch zu glatt und können den synthetischen Charakter nicht verleugnen.

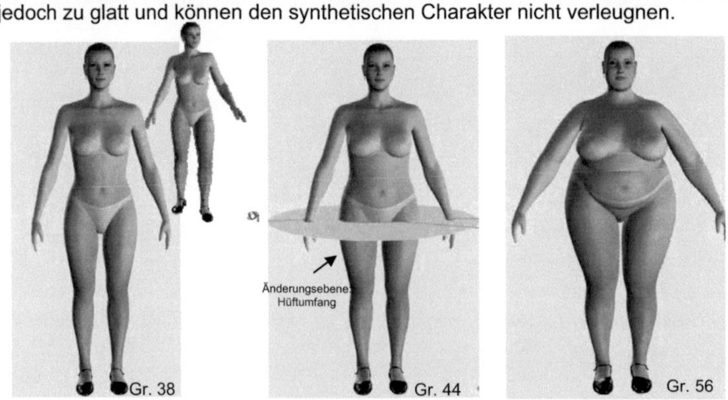

Abbildung 3-18: Basisfigurine in Gr. 38 mit Posenänderung; Basisfigurine in Gr. 44 und 56 [ITM 10]

Interessant sind natürlich auch animierte virtuelle Menschmodelle, die für Anwendungen in der Bekleidungsindustrie nicht nur als Werkzeug zur Passformsimulation (Virtual Try-on), sondern auch als Lösung für das Virtuelle Shopping entwickelt wurden. Das MIRAlab [MIR 10] erarbeitet virtuelle weibliche Figurinen, die mit wenigen Parametern zunächst einen sehr guten Eindruck des virtuellen Abbildes vermitteln, aber für eine exakte Konstruktion von Bekleidung ungenügend sind. Diese Menschmodelle entstanden im Rahmen des europäischen Forschungsprojektes E-Tailor [ETAI 02]. Die Skalierung erfolgt durch Anpassung einer verhältnismäßig geringen Anzahl von Basisparametern (z. B. Körperhöhe, Hüftumfang) und der prozentualen Änderung der Fettanteile (Abb. 3-19).

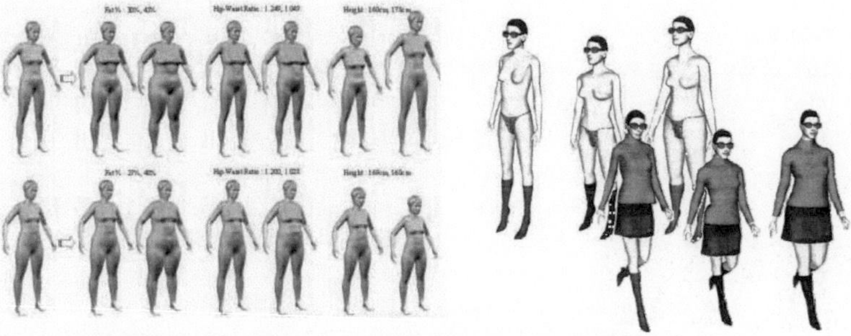

Abbildung 3-19: Virtuelle Menschmodelle – MIRAlab [MIR 09], [THA 04]

Ein vorrangiges Ziel dieser Arbeit ist es, 3D-Menschmodelle für die passformgerechte Konstruktion körpernah getragener Kleidung für Frauen zu schaffen. Aus dieser Sicht wurde die CUP-Skalierung der beschriebenen Avatare untersucht. Diese Skalierung wird häufig nur mit zwei Parametern, und zwar dem Unterbrustumfang und dem Brustumfang, realisiert. Andere Anbieter verwenden vier Parameter (Abstand Brustpunkte, Abstand Schulterpunkt-Brustpunkt, Unterbrustumfang, Brustumfang (s. Abb. 3-20, links)). Manche Softwarelösungen bieten die Möglichkeit, die CUP-Form zu variieren (z. B. Push-Up-BH-Effekt (s. Abb. 3-20, rechts)). Diese interaktive Einstellung beruht dabei nicht auf Zahlenangaben. Alle genannten Varianten sind für die Miederwarenkonstruktion auf Basis einer anthropometrisch richtigen Parametrisierung des CUP-Bereiches über ein breites Größenspektrums nicht ausreichend.

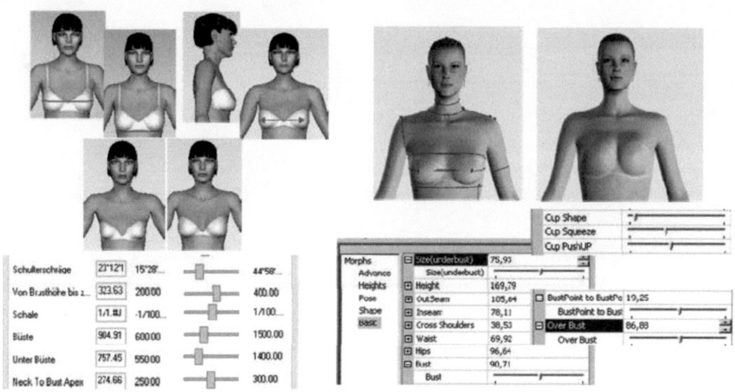

Abbildung 3-20: Beispiele der CUP-Interpolation [LEC 10], [OPT 11]

- **<u>3D-CAD Lösungen für die Konstruktion körpernaher und körperferner Bekleidung</u>**

Während zur Passformsimulation immer mehr computergrafische Lösungen genutzt werden, basieren die Methoden der dreidimensionalen Entwicklung der Bekleidung auf der geometrischen Beschreibung mittels 3D-CAD [KRZ 05].

Unter Verwendung geeigneter CAD-Software erfolgt die Schnittkonstruktion direkt auf dem Formkörper. Die Konstruktionslinien stellen die späteren Nahtlinien der Schnittteile dar. Um eine solche Konstruktionsmethodik anwenden zu können, ist es notwendig, die entsprechenden Formkörper zu erarbeiten und in 3D-CAD-Systeme zu implementieren.

Zur 3D-Konstruktion körpernaher und körperferner Bekleidung wurden weltweit mehrere Forschungsprojekte durchgeführt, die hier exemplarisch dargestellt werden sollen. Soweit anhand der Literaturrecherche Aussagen über die verwendeten Figurinen getroffen werden können, werden diese im weiteren Text ausgeführt.

PETRAK und ROGALE [PET 06] teilen ein als Mesh vorliegendes computergeneriertes Menschmodell vertikal mittels der Koronal- und der Sagittalebene in vier Teile und „schneiden“ diese horizontal in Brust, Taille und Gesäß (Abb. 3-21). Die Saumkurve des Kleides entsteht durch Kopieren der Schnittkurve in Höhe des Gesäßumfanges auf die gewünschte Höhe zur Definition der Rocklänge. Aus den resultierenden Schnittkurven wird durch Hinzufügen von Kurven in Körperlängsrichtung, die durch das Verbinden wesentlicher Punkte am Körper (Abb. 3-21) entstehen, ein Kleid in Form eines Gitternetzes konstruiert. Die Schnittteile für Vorder-, Rücken- und Seitenteil können danach aus diesem Gitternetz abgeleitet werden. Diese Bereiche werden dann erneut vernetzt. Zur Passformsimulation des Kleides anhand eines konkreten Materials werden Materialeigenschaften hinterlegt und das Drapierverhalten simuliert.

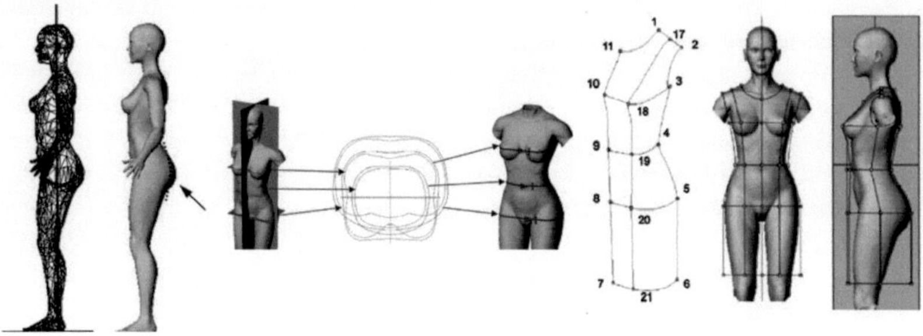

Abbildung 3-21: Computergeneriertes Menschmodell und Teilung für die weitere 3D-Konstruktion [PET 06]

Mit der Entwicklung „3D Parametric“ bietet das russische Softwareunternehmen ASSOL [ASSO 10] ein Softwaremodul für die 3D-Konstruktion von Oberbekleidung zur industriellen Anwendung an [AND 08]. Zunächst wird ein hinterlegtes virtuelles Mannequin aufgerufen. Die Körpergeometrie des Mannequins basiert auf einem Scandatensatz, der skalierbar ist. Die Skalierung erfolgt auf Basis einer gleichmäßigen Änderung der Umfangsparameter (Offsetkurven) (Abb. 3-22). Des Weiteren verfügt die Software über eine Bibliothek von Basismodellen für Oberbekleidung, die mit dem Avatar verknüpft werden können.

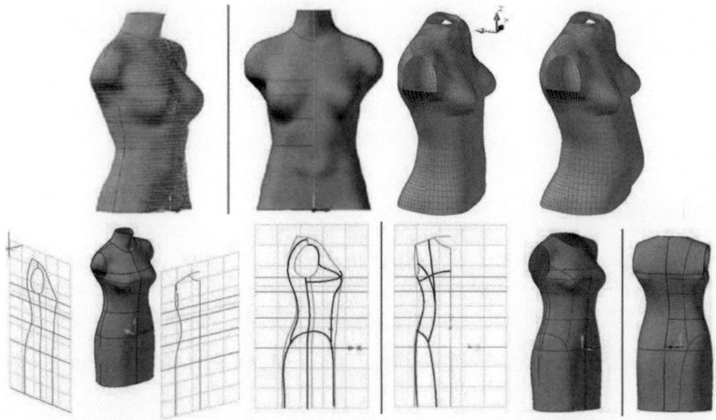

Abbildung 3-22: Oben: virtuelles Mannequin und deren Skalierung; Unten: Basismodell und automatisch abgeleitete 2D-Front- und Seitenprojektionen sowie die 2D-Modelllinien [AND 08]

An den Basismodellen können die Längen- und Umfangsparameter, z. B. in Form von Zugaben für Brust-, Taillen- und Hüftumfang, geändert werden. Somit bekommt man ein gewünschtes Basismodell und automatisch abgeleitete 2D-Front- und Seitenprojektionen. Die weitere Modellentwicklung erfolgt anhand dieser Projektionen. Die Modellentwickler vergleichen das Ergebnis mit der Skizze des Designers. Nach Erreichen einer ausreichenden Übereinstimmung werden die 2D-Modelllinien automatisch auf das 3D-Mannequin übertragen. Nachträgliche Änderungen können erneut automatisch übernommen werden. Die Generierung der 2D-Schnittteile erfolgt automatisch auf Basis von Netzen, die innerhalb der 3D-Modelllinien aufgebaut werden.

Die Forschungsergebnisse von KIM und PARK [KIM 07] beinhalten eine Konstruktion körperferner Bekleidung auf dem Prinzip körpernaher Konstruktionen. Die notwendigen Körperdaten für die 3D-Konstruktion entstehen infolge des taktilen Scanprozesses der Schneiderpuppe und Erzeugung der B-Splineflächen. Das Kleidungsstück wird in Bereiche unterteilt, die sich darin unterscheiden, ob die Kleidung am Körper aufliegt („Fit Zone") oder nicht („Fashion Zone") (Abb. 3-23).

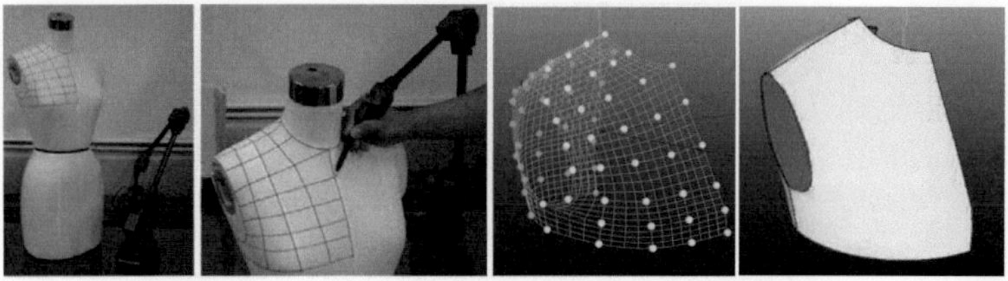

Abbildung 3-23: Mechanische Abtastung der Schneiderpuppe und „Fit Zone" eines Kleidungsstücks [KIM 07]

Einen weiteren Ansatz stellen die Forscher WANG, LU, LI, CHEN und SAKAGUTI [WANG 09] dar. Über bedingte Kontur- und Formkurven kann die 3D-Konstruktion eines Kleidungsstückes erstellt werden. Grundlage bilden die Konturkurven eines gescannten Körpers (Silhouette und Querschnitte) (Abb. 3-24).

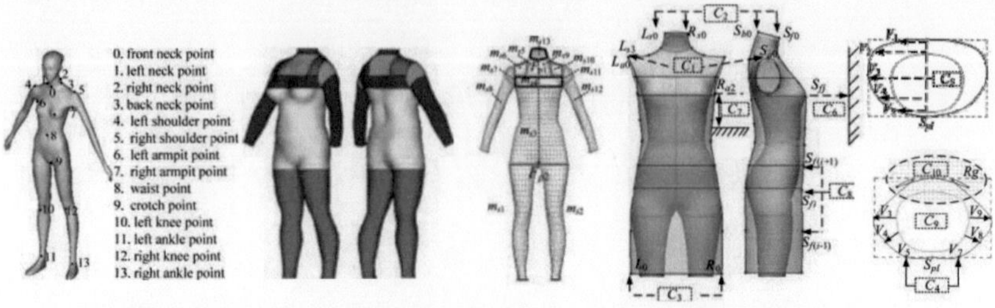

Abbildung 3-24: Scandatensatz mit Körpermerkmalspunkten, Aufteilung der Körpertopologie, Ganzkörper-Mesh mit Gewicht- und Bedingungspunkten und Definition der Bedingungen für 3D-Konstruktion [WANG 09]

Zuerst werden auf dem Körper die Körpermerkmalspunkte definiert und die Oberfläche in Beine, Rumpf, Vorder- und Rückseite, Hals, Schulter, Arme usw. aufgeteilt, um die Topologie der Oberfläche synthetisch zu erzeugen. Mittels Schnittebenen werden erneut Kurven auf der Oberfläche erstellt und diese zur Erzeugung eines gleichmäßigen Oberflächennetzes genutzt. Die Körpersymmetrie wird dabei berücksichtigt. Anhand dieses Netzes werden Gewichts- und Bedingungspunkte definiert, die die Grundlage für die Konturenerzeugung des Kleidungsstückes bilden. Durch die Konstruktion von Offsetkurven und das Ändern von Bedingungen ist es möglich, die unterschiedlichen Formen des Kleidungsstückes zu generieren.

Die Forscher KAKINUMA, TSUTSUMI und KONDO [KAK 08] aus Japan haben ein Konzept für 3D-Bekleidungskonstruktion mit dem Schwerpunkt „Bekleidung für die ältere Generation" entwickelt.

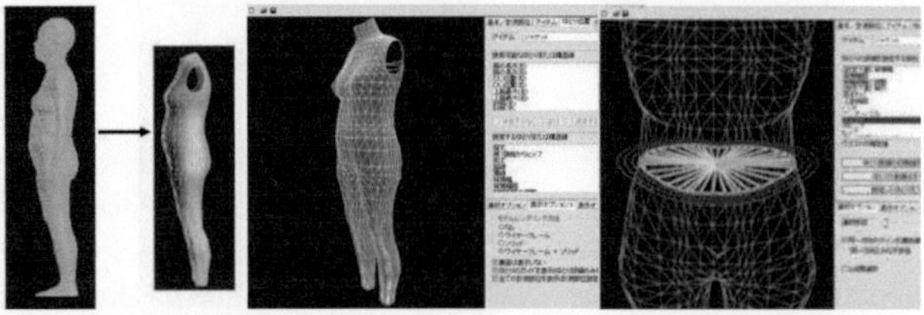

Abbildung 3-25: Erstellung eines körpertypabhängigen 3D-Modells, Erzeugung von 3D-Konstruktionslinien und Skalierung des 3D-Körpermodells [KAK 08]

Weibliche 3D-Körpermodelle werden aus 52 Scandatensätzen älterer Personen abgeleitet, in 8 Körpertypen unterteilt und anschließend parametrisiert. Die erarbeiteten Polygonmodelle sind somit skalierbar und bilden die Grundlage der 3D-Konstruktion.

Das Kleidungsstück wird auf dem Avatar in der Basisgröße generiert und kann danach an andere Körpergrößen und Körperformen angepasst werden. Verschiedene Bekleidungsvarianten können durch die Verschiebung der Knotenpunkte des Netzes erzeugt werden. Die Skalierung des Avatars erfolgt auf Basis von Features und den darauf basierenden Patches.

Im Projekt „Development of a Three-Dimensional Computer-Aided-Design System for the Garment Industry" [TPC 10], welches sehr anspruchsvolle Zielstellungen verfolgt, wird u. a. die Modellentwicklung in 3D mit anschließender automatischer Ableitung der 2D-Schnittteile untersucht. Ein Resultat ist die patentierte Software Three-Dimensional Pattern Concept. Über ein Plug-in werden die Scandaten in Maya 3D eingelesen und ein gleichmäßiges Mesh generiert, von dem anschließend mittels einer Funktion „Körperstrukturdefinition“ wichtige Körperkennlinien erstellt werden. Die Schnittkonstruktion basiert auf einer Verknüpfung der dreidimensionalen Darstellung, des digitalen Maßnehmens und der herkömmlichen 2D-Schnittkonstruktionstechnik.

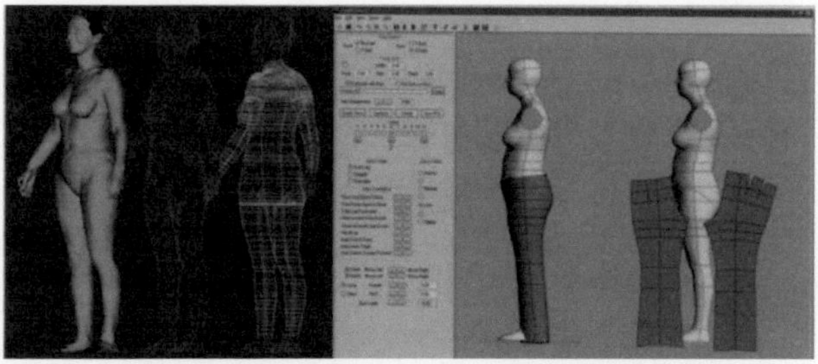

Abbildung 3-26: Formkörperentwicklung, sowie 3D- und 2D-Schnittteilentwicklung [TPC 10]

Eine weitere Software der *TPC (HK) Ltd.* [TPC 10] ist das Automatic Pattern Generation System (APGS) (Abb. 3-26). Der Nutzer konstruiert direkt in der dreidimensionalen Umgebung auf Basis eines Avatars. Vordefinierte parametrische Eigenschaften, anlehnend an die Form des Avatars und den Aufbau des Kleidungsstückes, geben dem Nutzer eine Konstruktionsgrundlage. Die Software generiert die Schnittteile aus der Konstruktion.

Die Forschungen der Autoren WANG, C., WANG, Y. und YUEN [WAN 02], [WAN 05] verfolgen den Ansatz der Konstruktion körperferner Bekleidung über die Generierung von Dreiecksnetzen zur Produktbeschreibung auf einem Avatar (Abb. 3-27). Unter Nutzung des Mesh zur Beschreibung der Oberfläche des Avatars werden für eine hinreichende Anzahl von Vertices Abstände zur Beschreibung der Produktform definiert. Verändert sich die Größe des Avatars, bleiben die definierten Abstände erhalten, so dass, wie in Abbildung 3-26 dargestellt, sich das Kleid größenmäßig anpasst. Dieser Ansatz ist sehr aufwendig, da für eine Vielzahl von Vertices die Abstände für das jeweilige Kleidungsstück zunächst subjektiv bestimmt und dann rechentechnisch hinterlegt werden müssen. Veränderungen der Produktform sind für den Anwender kaum möglich.

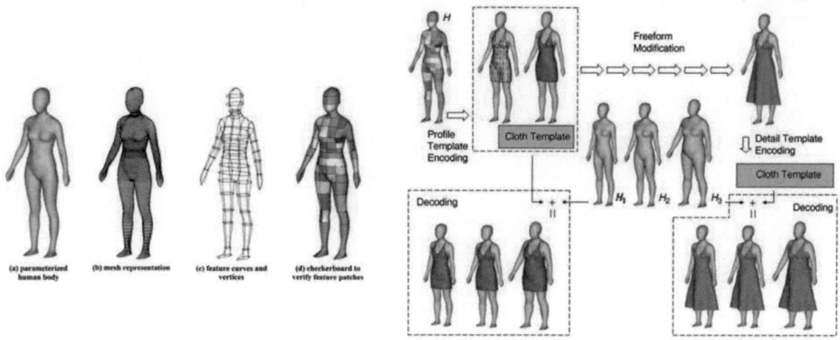

Abbildung 3-27: Links: Aufbau des Avatars; Rechts: Generierung von Dreiecksnetzen auf einem Avatar und die Parametrisierung des Körpers [WAN 02]

Auf der Texprocess 2011 präsentierte *HUMAN SOLUTION GmbH* zusammen mit *ASSYST GmbH* das Körpermaßportal iSize [ISIZE 11], [HUM 11] und die auf Basis des erfassten Datenpools erarbeiteten Avatare für Standardgrößen. Mit Hilfe der dazu entwickelten Software kann zunächst die Zielgruppe, z. B. nach Größe und Alter, selektiert werden. Um aus den ausgewählten 3D-Daten sinnvoll mittlere Formkörper errechnen zu können, erfolgt eine automatische Positionierung anhand der Landmarks (vgl. auch Kap. 2). Teilweise ist dennoch eine interaktive Positionskorrektur erforderlich. Für die Repräsentation der Körpertopologie kommen topologisch invariante Netze zur Anwendung. Das rechentechnische Ergebnis bildet die Oberfläche der gewählten Größe realitätsnah ab. Für eine exakte Wiedergabe der Körpermaße entsprechend der Standardmaßtabellen ist jedoch eine erhebliche Nacharbeit erforderlich.

Zusammenfassung

Zusammenfassend lässt sich feststellen, dass Forscher und kommerzielle Anbieter weltweit das Ziel verfolgen, die Konstruktion der Bekleidung transparenter zu gestalten und mit rechentechnischer Verbindung zum virtuellen menschlichen Körper auszuführen, um langfristig Entwicklungskosten zu sparen. Das Ziel der vorliegenden Arbeit ist es, mit der Entwicklung eines Bausteines zum Erreichen dieser Zielstellung beizutragen. Die Arbeit ist dabei auf die anthropometrisch richtige Parametrisierung weiblicher Personen über ein breites Größenspektrum und die Generierung von zur 3D-Bekleidungskonstruktion geeigneten 3D-Daten fokussiert.

4 Produktentwicklung für die Bekleidungsindustrie in 2D- und 3D-Arbeitsweise

Die Produktentwicklung für Bekleidung beinhaltet den Entwurf und die Schnittkonstruktion [RÖD 96]. In der Schnittkonstruktion wird die im Entwurf vorgesehene dreidimensionale Produktform auf die zweidimensionale Fläche des textilen Flächengebildes übertragen. Das Ziel besteht darin, durch das Zusammenfügen der biegeweichen Stoffteile zu der geforderten Produktform und Passform zu gelangen. Das Verständnis von Passform ist je nach Modetendenz und Zielgruppe unterschiedlich und subjektiv. Die endgültige Form und das Erscheinungsbild eines Kleidungsstücks hängen neben der Schnittkonstruktion von den Materialeigenschaften und von der konkreten Figur und Haltung des Trägers ab [RÖD 96], [KIR 01], [KIRS 01].

Wesentliche Grundlagen der Schnittkonstruktion sind neben der Zeichnung des Designers die Körpermaße des Menschen und antrophometrische Gesetzmäßigkeiten, mit deren Basis Schnittkonstruktionsmethoden entwickelt werden. Die Körpermaße werden in der Regel statistisch aus Reihenmessungen erhoben und für die industrielle Bekleidungsfertigung in Maßtabellen hinterlegt [KIRS 01], [SIZEG 10]. Des Weiteren werden Figurtypen und Größengruppen in den Maßtabellen definiert. Je umfangreicher die Datenbasis der Körpermaße ist, desto körpergerechter kann die Schnittkonstruktion gestaltet werden.

Die Schnittkonstruktion muss ohne räumliche Unterstützung, wie das bei der traditionellen Arbeit der Handwerksmeister oder Designer mit der Schneiderpuppe der Fall ist, anhand geeigneter Methoden das Zeichnen der einzelnen Schnittteilkonturen für ein Bekleidungsstück ermöglichen.

Kenntnisse über menschliche Proportionen und jahrzehntelange Erfahrungen bei der Schnittentwicklung schlagen sich in verschiedenen Konstruktionsmethoden (z. B. Modeinstitut Berlin, M. Müller & Sohn Schnittsystem, UNICUT Schnittsystem, Schnittkonstruktionsmethodik der Hohensteiner Institute, System Optimass FH Niederrhein) nieder [SCHN 90], [STI 97], [ZIH 98], [RAU 95], [ARN 98]. Aus zunächst unterschiedlich interpretierbaren Beschreibungen sind mathematische Formulierungen geworden, die durch einen eineindeutigen Zusammenhang eine Programmierung des Konstruktionsablaufes ermöglichen.

Zusammengefasst lassen sich Bekleidungsprodukte aus technischen Grundkonstruktionen erstellen, die unter Berücksichtigung der Modellskizze und entsprechend der Qualitätsanforderungen sowie der Körper- und Fertigmaße modifiziert werden. Außerdem müssen die Stoffeigenschaften und das Verarbeitungsverhalten im Konfektionsprozess beachtet werden.

Rechentechnische Umsetzung

Die Anzahl der kommerziellen Anbieter der in der Bekleidungsindustrie genutzten CAD-Systeme ist überschaubar. Diese Aussage wurde erneut auf der internationalen Messe *IMB 2009 – World of Textile Processing* in Köln und der *Texprocess* 2011 in Frankfurt am Main bestätigt. Nur wenige, große Anbieter beherrschen den Markt weltweit. Der Marktführer *LECTRA* hat mehr als 23.000 Kunden in über 100 Ländern [LECAN 10].

Für die Schnittkonstruktion gibt es zwei prinzipielle Methoden:

1. **Konstruktion in der Ebene, ausgehend von produktrelevanten Körpermaßen mit Berücksichtigung von Mehr- oder Minderweiten**

Die 2D-Schnittkonstruktionsprogramme aller Anbieter beinhalten eine Vielzahl von Standardfunktionen zur Konstruktion und Modifikation von Schnittteilen: Zeichen- und Geometriefunktionen, Editier- und Modifikationsfunktionen, Kontrollfunktionen, branchentypische Befehle (Abnäher, Falten, Nahtzugaben, branchenspezifische Markierungen usw.). Für die Schnittkonstruktion werden analog der manuellen Arbeitsweise alle erforderlichen Konstruktionsschritte entsprechend dem Konstruktionsablauf am Rechner sichtbar ausgeführt. Im Konstruktionsprogramm stehen hierzu die bereits genannten Funktionen zur Verfügung. Die erstellten Grundkonstruktionen werden als Datenbasis verwaltet und für die weitere Modifizierungen genutzt [KRZ 09].

Im Bereich der 2D-Schnittkonstruktion sind dabei zwei Vorgehensweisen zu unterscheiden:

- **Schnittkonstruktion nach dem Gradierprinzip**

Die Schnittkonstruktion und -modifikation erfolgen in einer Basisgröße mit anschließendem Gradieren über gespeicherte oder interaktiv am Bildschirm zu erstellende Gradierwerte. Dabei bietet es sich an, eine auf die Produktpalette des Unternehmens abgestimmte Anzahl von gradierten Grundschnitten zu erarbeiten, so dass sich bei komplizierten Schnittteilmodifikationen durch die proportionale Gradierung die Erstellung von Gradierwerten erübrigt [KRZ 05]. Die größten Anbieter dieser Vorgehensweise sind *LECTRA* [LEC 10] und *GERBER* [GER 10].

- **Schnittkonstruktion nach dem Konstruktionsprinzip**

Des Weiteren besteht die Möglichkeit, Schnittteile direkt auf der Grundlage von Maßtabellen zu konstruieren bzw. zu modellieren. Der Konstruktionsablauf wird am Rechner interaktiv, ähnlich dem "Teach in"-Verfahren, eingegeben, wobei alle Konstruktionsstrecken, die eine Größenabhängigkeit aufweisen, allgemeingültig entsprechend den zugrundeliegenden Größentabellen und modellspezifischen Zugaben formuliert werden. Dazu sind Parameter zu vereinbaren. Die einzelnen Arbeitsschritte werden im Computer gespeichert, so dass sie später für andere Standardgrößen oder individuelle Körpermaße automatisch wieder ausgeführt werden können.

Die Modellierung erfolgt chronologiebasiert. Die Reihenfolge der Modellierungsschritte wird aufgezeichnet und kann jederzeit wieder aufgerufen werden. Die Vorgehensweise des Produktentwicklers bei der Modellierung wird abgebildet. Das Entwickeln einer transparenten und änderungsfreundlichen Chronologie ist Inhalt der vorbereitenden Arbeiten im Vorfeld der Modellierung [KRZ 05]. Ein Anbieter für computerunterstützte Schnittkonstruktionslösungen, die auf dem Konstruktionsprinzip basieren, ist z. B. *GRAFIS* [GRA 10].

Die Vorgehensweise bei der Schnittkonstruktion in der Ebene ist in der Regel empirisch. Die Mehr- oder Minderweiten, die zu den Körpermaßen addiert werden, beruhen auf Erfahrungswerten. Es werden Musterteile gefertigt und so lange korrigiert und anprobiert, bis das Ergebnis akzeptabel ist. Dieses Prinzip des „Trial and Error" verursacht einen großen Aufwand an Zeit und Kosten.

2. Konstruktion auf einer dreidimensionalen Form und Abwicklung in die Ebene

Der Einsatz von 3D-CAD Systemen für die Produktenwicklung von Bekleidung ist seit mindestens einem Jahrzehnt ein internationaler Forschungsschwerpunkt. Durchgängige 3D-CAD Lösungen, die sich von der Produktgestaltung bis zur materialabhängigen Zuschnittberechnung erstrecken, sind die Ausnahme und bieten noch ein breites Forschungsfeld. Künftig sollte der Designer/Konstrukteur an seinem Arbeitsplatz in der Lage sein, die Wechselwirkungen zwischen dem Entwurf, dem vorgesehenen textilen Material und der realisierten Schnittkonstruktion mittels Computerunterstützung zu erkennen und zu beeinflussen. Entscheidungen zur Produktentwicklung sollen mit den Kunden auf der Basis von virtuellen Prototypen möglichst frühzeitig getroffen werden [KRZ 05], [SIE 07], [SIE 08], [RÖD 08].

„Bei körpernaher Kleidung basiert das Arbeitsprinzip zur Produktentwicklung auf dem Konzept, den Entwurf auf dem virtuellen Formkörper vorzunehmen. Designer und/oder Konstrukteur können mit Hilfe von Zeichenwerkzeugen die Modell- und Schnittteillinien direkt auf der im Rechner implementierten virtuellen Körperoberfläche ausführen. Dazu ist kaum schnitttechnisches Wissen notwendig“ [KRZ 05]. Die Modellinien werden Interaktiv auf der Oberfläche des Formkörpers gezeichnet. Die Schnittteile werden innerhalb der gezeichneten Linien vernetzt, um die darunter liegenden Flächen zu approximieren. Zur automatischen Erstellung der zweidimensionalen Schnittteile schließt sich an den Modellentwurf und die Schnittteilentwicklung in 3D die rechentechnische Abbildung der Schnittteile in der Ebene an [KRZ 05].

LECTRA bietet die Software Design Concept 3D (DC3D), die sich der CAD-Software TopSolid von *MISSLER* [TOP 11] bedient. *MISSLER* Software ist der zweitgrößte französische Anbieter von CAD-/CAM-Lösungen und hat auch auf dem internationalen Markt eine führende Rolle. TopCad ist eine parametrische, assoziative CAD-Lösung, mit der sich sowohl Volumen- als auch Flächenmodelle erzeugen lassen. *LECTRA* hat die Software durch einen Anwendermodul ergänzt, der die Abwicklung in 3D generierter Meshs auf Regel- und Freiformflächen in die Ebene ermöglicht. Damit besteht die Chance, dreidimensionales Design und Erzeugung der Schnittteile rechentechnisch zu verbinden. Während bei den ersten Versionen nur eine reine Geometrieabwicklung möglich war, eröffnen die weiteren Versionen die Möglichkeiten für die Implementierung von Materialdaten.

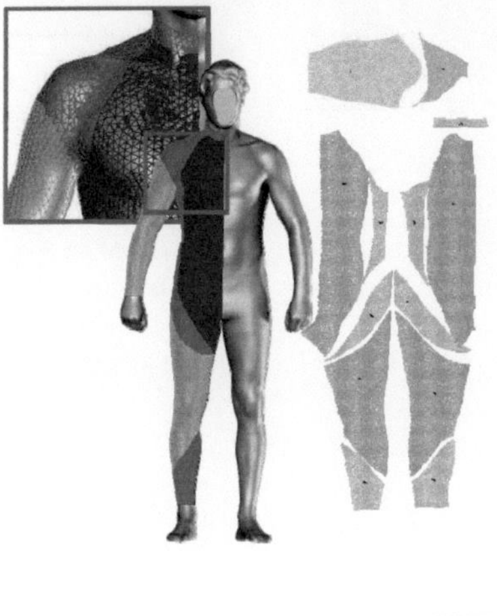

Abbildung 4-1: Anwendungsbeispiel von *LECTRA* [ITM 11]

GERBER [GER 10] und *OPTITEX* [OPT 11] bieten auch Softwarelösungen an, dort als 3D-Flattening-Software bezeichnet, für die automatische Generierung der 2D-Schnittteile aus 3D entworfenen oder importierten Modellen, zunächst für den Fahrzeuginnenbereich sowie die Polstermöbelentwicklung an.

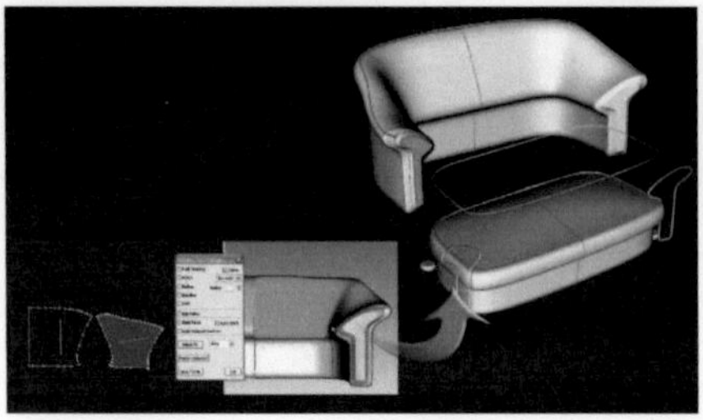

Die Software nutzt dafür die Polygon-Flächen. Der Anwender kann auf dem 3D-Meshmodell die zukünftigen Schnittteilbereiche abgrenzen. Die Software berechnet daraus eine 2D-Schnittkontur, die weiterhin für den industriellen Zuschnitt bearbeitet werden muss. Der zuerst vermittelte Eindruck ist sehr positiv.

Abbildung 4-2: Anwendungsbeispiel von *OPTITEX* [OPT 11]

Bei der näheren Betrachtung des Arbeitsablaufes werden die Schwachstellen in der Erzeugung der 2D-Schnittkontur deutlich. Die Abbildung 4-3 verdeutlicht die notwendige Nacharbeit bei der Erstellung der glatten Schnittteile aus den Polygonflächen.

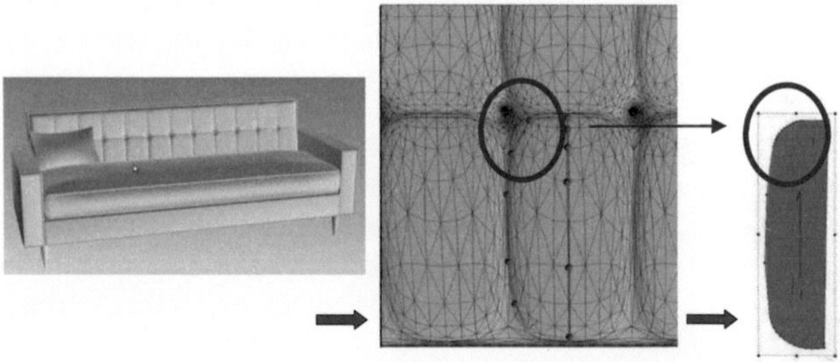

Abbildung 4-3: Erzeugung der 2D-Schnittkontur [OPT 11]

Zusammenfassung

Zusammenfassend lässt sich feststellen, dass 3D-Konstruktionsmethoden ein großes Potenzial zur Produktentwicklung von Bekleidung beinhalten. In dieser Arbeit werden die Möglichkeiten der Software Design Concept 3D, *LECTRA* für die Entwicklung der parametrischen Formkörper und des anschließenden Modellentwurfs bis hin zur Zuschnittgenerierung untersucht.

5 Entwicklung weiblicher Formkörper – Rumpf

5.1 Klassifizierung und Auswahl der weiblichen Figurtypen zur Entwicklung virtueller Formkörper, Datenbasis

Die Entwicklung realitätsnaher 3D-Formkörper für die Bekleidungskonstruktion erfordert die Bereitstellung geeigneter 3D-Körperdaten in unterschiedlichen Größen. Aus Maßtabellen lassen sich nur schwer Aussagen zur zugehörigen dreidimensionalen Form ableiten. Um diese zu generieren, werden zunächst aus verfügbaren Datenpools Körperformen unterschiedlicher Größen herausgefiltert, die in ihren Proportionen und der Körperhaltung ein Mittelmaß[1] darstellen. Die Daten stammen aus Reihenmessungen für die Miederbekleidung, bei denen 1400 Frauen zwischen 16 und 75 Jahren mittels Bodyscantechnologie (vgl. Kap. 3) erfasst wurden [KIR 01], [RÖD 08], [SIE 07], [SIE 08].

Um eine möglichst einheitliche und reproduzierbare Datenbasis zu erhalten, erfolgte der Scanprozess mit speziell für die Messungen ausgesuchter Unterwäsche und passendem Miederteil, welches die natürliche Körperform möglichst wenig beeinflusst und die Brustform nicht beeinträchtigt. Als Ergebnis der Vermessung stehen die Scandaten der Probandinnen zur Verfügung, die in einem weiteren Arbeitsschritt nach den bereits beschriebenen Messmethoden (vgl. Kapitel 2.3) interaktiv vermessen werden. Diese Maße bilden die Grundlage für die erste Auswahl geeigneter Scandaten der Zielgrößen [RÖD 08].

Voraussetzung für die hinreichend genaue Bestimmung mittlerer Formkörper ist die Verfügbarkeit einer großen Anzahl von Datensätzen. Für die Entwicklung der 3D-Formkörper stehen ca. 80 % der Daten zu Verfügung. Vermessene Personen, die entweder eine CUP - Größe kleiner als A und größer als E hatten, werden nicht in die Untersuchung einbezogen. In den ausgewerteten Daten sind die Unterbrustumfänge von 75 cm bis 90 cm und die CUP-Größen A bis E am stärksten vertreten. In den Randgrößen (Unterbrustumfang > 100 cm) ist aufgrund der geringeren Anzahl von Scandaten keine Auswertung möglich. Diese großen Größen sind vorrangig in der Altersgruppe über 45 Jahren zu finden. Altersspezifische Körperveränderungen wirken sich hier besonders stark aus, so dass die Unterschiede der Körperformen bei annähernd gleichen Maßen sehr hoch sind (Abb. 5-1) [KIR 01], [SIE 08], [MOR 09].

Zuerst erfolgt eine umfassende Klassifizierung der Scandaten nach Rumpflänge, Unterbrustumfang, CUP-Volumen und CUP-Form sowie Taillen- und Hüftproportionen. Danach werden die Körperquerschnitte des Brust-, des Unterbrust-, des Taillen- und des Hüftumfangs analysiert, um mittlere Körperformen abzuleiten und entsprechende Scandaten herauszufiltern.

Die zur Verfügung stehende Datenpools werden mithilfe der Mitarbeiter der Hohenstein Institute untersucht und die Scandaten zur Berechnung der mittleren Körperformen ausgewählt [HOE 10], [RÖD 08].

[1] dies ist natürlich subjektiv

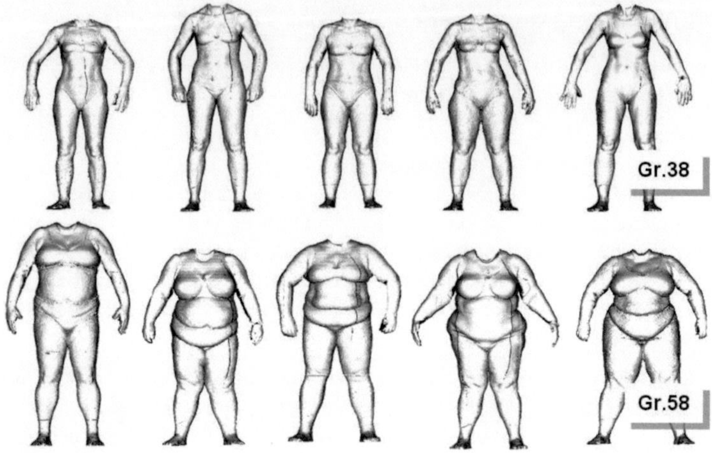

Abbildung 5-1: Scandaten; Oben: Konfektionsgröße 38; Unten: Konfektionsgröße 58 [MOR 09]

5.2 Systematisierung der Datensätze, Formanalyse

Wie bereits ausgeführt, haben die Untersuchungen gezeigt, dass Personen mit nahezu identischen Maßen durchaus unterschiedliche Körperformen aufweisen können. Infolge dessen kann die Passform der Bekleidung bei Kunden einer Größe unterschiedlich ausfallen. In der industriellen Praxis werden zwar Konstruktionen für unterschiedliche Körperformen entwickelt, diese basieren jedoch in der Regel auf einer personenindividuellen Körperform (Firmenmodels) [SIE 08], [MOR 09].

- **Bestimmung mittlerer Körperproportionen**

Bei den Analysen zur Bestimmung der Körperproportionen wird der Rumpf betrachtet. Bein-, Arm- und Halsansatz sind zur Bewertung der Gesamtform des Körpers dennoch erforderlich.

Als Grundlage für die längenspezifischen Auswertungen der Körperproportionen wird die Rumpflänge und nicht die Körperhöhe verwendet. Die ISO-Norm 8559 [ISO8559 89] definiert die Rumpflänge als die vertikale Distanz vom 7. Halswirbel zur tiefsten Stelle des Rumpfes bei aufrechter Körperhaltung. Die Untersuchungen [RÖD 08] zeigen, dass mit drei Rumpflängen wesentlich mehr Marktanteile abgedeckt werden können als es mit einer körperhöhenspezifischen Zuordnung der Scandaten möglich ist.

Um eine repräsentative Körperhaltung zu ermitteln, werden die Daten des Rückenprofils der Probandinnen ausgewertet. Die weitere Datenauswahl erfolgt unter Berücksichtigung des definierten Rückenprofils.

Zur Ermittlung der Veränderungen der Körperformen in der Frontansicht bei zunehmenden Umfangsmaßen wird die Breite der horizontalen Körperschnitte in Brust-, Unterbrust-, Taillen- und Hüfthöhe analysiert. Die Untersuchungen ergeben, dass der größte Anteil der Probandinnen (40 %) in den Figurtyp „Sanduhr unten breiter" einzuordnen ist (vgl. Kap. 2). 15 - 20 % der Probandinnen entsprechen den Figurtypen „Sanduhr", „Löffel" und „Rechteck".

Weniger als 5 % der Probandinnen lassen sich mit „Trapez“ und „Oval“ veranschaulichen. Aus diesen Daten werden mittlere Rumpfprofile abgeleitet.

- **Klassifizierung der Scandaten nach Körperquerschnitten**

Um Informationen zur Skalierung der virtuellen 3D-Formkörper bereitzustellen, werden horizontale Körperquerschnitte aller ausgewählten Scandaten im Bereich Unterbrustumfang, Taillenumfang und Hüftumfang, klassifiziert nach Unterbrustumfang, betrachtet. Dabei soll die Veränderung der Geometrie der Querschnitte in der Front- und der Seitenansicht ermittelt werden. Beim Unterbrustumfang verändert sich das Verhältnis des Längenmittelwertes der Front- und Seitenansicht von Größe zu Größe, so dass sich die ovale Form in eine herzähnliche Form wandelt. Durch zunehmende Fettansammlung in den Körpern größerer Größen wird die Einbuchtung der Wirbelsäule deutlicher (Abb. 5-2).

Unterbrustumfang [cm]					
70	75	85	95	105	110
Horizontale Schnittebene im Unterbrustumfang					
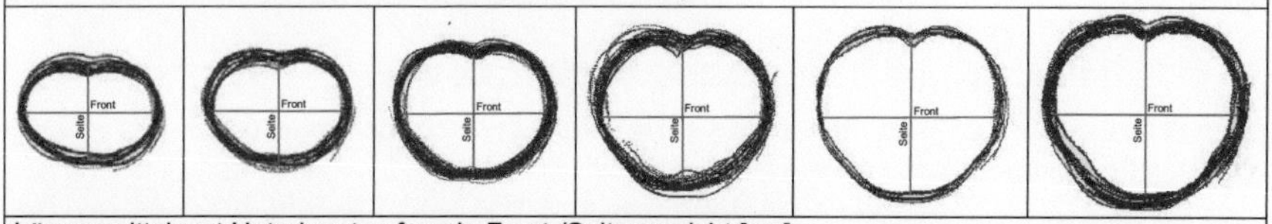					
Längenmittelwert Unterbrustumfang in Front-/Seitenansicht [cm]					
25,40/17,50	26,80/19,25	29,60/22,75	32,40/26,25	35,20/29,75	36,60/31,50

Abbildung 5-2: Entwicklung der Körperquerschnitte im Bereich Unterbrustumfang [RÖD 08]

Bei den Querschnitten in Taillenhöhe ist eine ähnliche Entwicklung zu beobachten. Auch hier verändert sich der Längenmittelwert in der Frontansicht stärker als in der Seitenansicht. Anders als beim Unterbrustumfang verschwimmt die Kontur im Bereich Wirbelsäule mit zunehmendem Umfang.

Unterbrustumfang [cm]					
70	75	85	95	105	110
Horizontale Schnittebene in Taillenhöhe, Taillenumfang [cm]:					
66,0	72,0	84,0	96,0	107,0	112,0
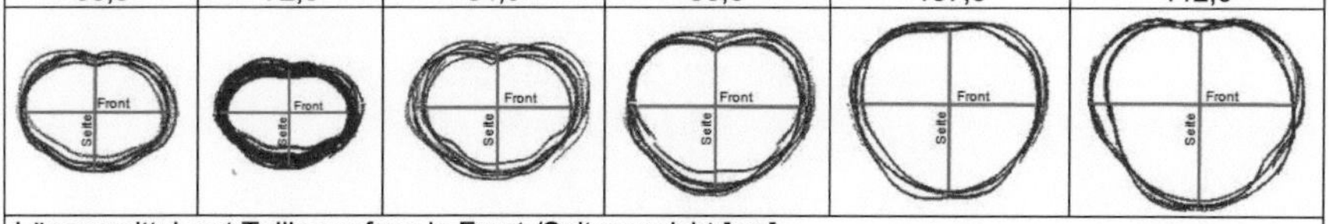					
Längenmittelwert Taillenumfang in Front-/Seitenansicht [cm]					
24,80/17,10	26,50/18,50	29,90/21,90	33,30/26,10	36,70/31,10	38,40/33,80

Abbildung 5-3: Entwicklung der Körperquerschnitte im Bereich Taillenumfang [RÖD 08]

Die Querschnittsveränderung ist den bereits beschriebenen sehr ähnlich. Die Proportionsänderung zwischen den Längenmittelwerten in Front- und Seitenansicht sind jedoch noch stärker ausgeprägt. Die Geometrie der Querschnitte verändert sich beim Umfangswachstum extrem. Während sich bei kleinen Größen deutlich die Gesäßfalte und der Beinansatz in der vorderen Rumpfmitte abzeichnen sowie Front- und Rückenpartie eindeutig zu unterscheiden sind, verschwimmt die Kontur mit wachsendem Umfang. Die Querschnitte werden nahezu kreisförmig. **Für die Entwicklung skalierbarer 3D-Formkörper bedeutet dies, dass nicht nur die Veränderung der Körperumfänge, sondern auch die Entwicklung der Querschnittgeometrie, umzusetzen ist.**

Unterbrustumfang [cm]					
70	75	85	95	105	110
Horizontale Schnittebene in Höhe des Hüftumfanges, Hüftumfang [cm]:					
92,0	96,0	104,0	112,0	120,0	124,0
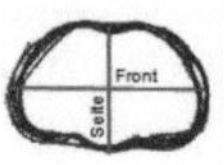	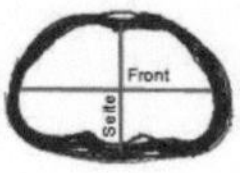	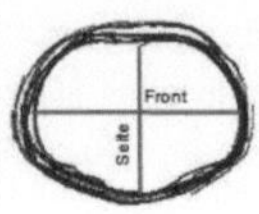	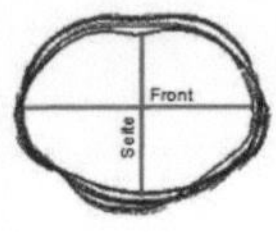	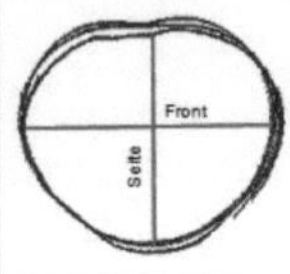	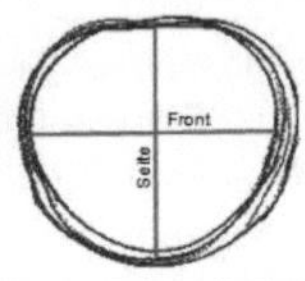
Längenmittelwert Hüftumfang in Front-/Seitenansicht [cm]					
34,60/22,00	35,60/23,20	37,60/26,05	39,60/29,50	41,60/33,55	42,60/35,80

Abbildung 5-4: Entwicklung der Körperquerschnitte im Bereich Hüftumfang [RÖD 08]

- **Klassifizierung der Scandaten nach Brustausprägung**

Grundsätzlich wird die Differenz zwischen Brustumfang und Unterbrustumfang zur CUP-Definition verwendet. Diese Methodik lässt jedoch nur sehr unzuverlässig Rückschlüsse auf das CUP-Volumen und die Brustform zu. Die CUP-Form verschiedener Personen kann bei gleicher Differenz zwischen Brust- und Unterbrustumfang sehr unterschiedlich ausfallen. Speziell die Form der Körperquerschnitte im Brust- und Unterbrustbereich sowie der Figurtyp beeinflussen die CUP-Ausprägung entscheidend (vgl. Kap. 7.1.3)

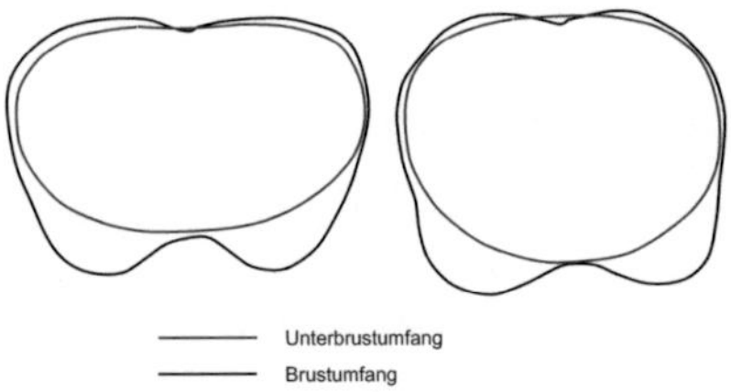

Abbildung 5-5: CUP-Ausprägungen bei identischen Umfangsmaßen

Um eine geeignete Methodik für eine sichere CUP-Bestimmung zu finden, wurden neben den Analysen zu den Rückenprofilen und den Figurtypen, horizontale Körperquerschnitte im Bereich Unterbrustumfang und Brustumfang eingehend untersucht. Die Untersuchungen ergaben, dass bei gleichem Unterbrustumfang die Form der Körperschnitte (ohne CUP-Bereich) in Brust- und Unterbrusthöhe sowie in der Frontansicht überwiegend identisch ist. **Für die Entwicklung der virtuellen Figurinen bedeutet dies, dass für die CUP-Parametrisierung der gleiche Grundkörper verwendet werden kann.** Abbildung 5-6 demonstriert am Beispiel horizontaler und vertikaler Körperschnitte die Übereinstimmung der Körpergeometrie bei identischem Unterbrustumfang aber unterschiedlichen CUP-Größen.

Abbildung 5-6: Körperschnitte bei gleichem Umfang und steigendem CUP (uBU 70, Cup A bis E);
Oben: Querschnitt BU-Ebene horizontal; Unten: Querschnitt vertikal [RÖD 08]

5.3 Auswahl geeigneter Scandaten

In einem ersten Ansatz wurden exemplarisch personenindividuelle Daten ausgewählt, die den Maßen in Unterbrustumfang und CUP der entsprechenden Größe am nächsten lagen. Aufgrund der großen Formenvielfalt weiblicher Körper hätte die Einhaltung aller relevanten Kriterien für den Rumpf und die Berücksichtigung von Körpertyp und -haltung die zur Auswahl stehenden Scandatensätze drastisch reduziert. Daher wurden die Auswahlkriterien für den oberen und den unteren Rumpfbereich getrennt festgelegt.

- **Datenauswahl für Unterbrustumfänge**

Die Selektion der geeigneten Körper erfolgt auf Basis der Übereinstimmung von Maßen und Körpermerkmalen des Rumpfes oberhalb der Taille. Die ineinander projizierten Geometrien aller Scans eines Unterbrustumfangs dienen zum Vergleich. Die Abbildung 5-7 zeigt einen Auszug aus den gewählten Scandaten.

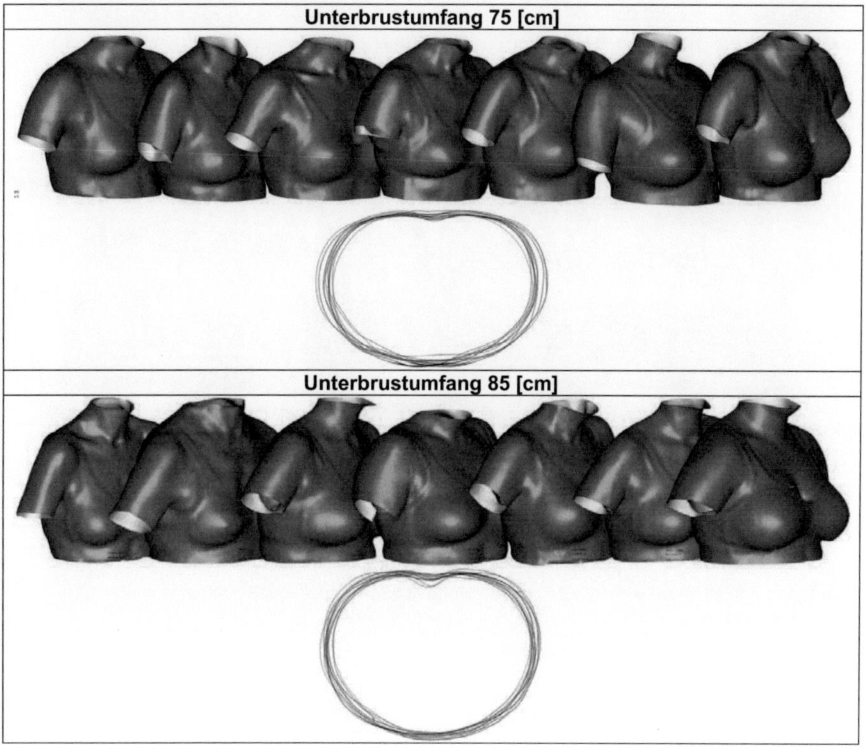

Abbildung 5-7: Auszug aus dem Pool der Scandaten, Auswahl nach dem Unterbrustumfang

- **Datenauswahl für die CUP-Formen**

Bei gleichem Unterbrust- und Brustumfang sind die Form und die Verteilung des Brustvolumens der Scans trotz einheitlicher Scanbekleidung unterschiedlich. Es sollte durch die Verwendung eines ausreichend großen Samples individueller Geometrien sichergestellt werden, dass die daraus abgeleiteten mittleren Brustformen die Variantenvielfalt der größten Anteile der weiblichen Bevölkerung widerspiegelt (vgl. Kap 7.1.3).

- **Datenauswahl für mittlere Taillen-/Hüftproportionen**

Kriterien für die Auswahl geeigneter Scandaten für die Körperformentwicklung des Rumpfes unterhalb des Unterbrustumfangs bis zum Schrittbereich waren Rumpflänge, Unterbrustumfang, Geometrie des Körperquerschnittes in Höhe Unterbrustumfang, Taillen- und Hüftumfang des Figurtyps normalhüftig, Körperhaltung und Rückenprofil ab Taille.

Die Zuordnung nach Unterbrustmerkmalen sollte sicherstellen, dass oberer und unterer Rumpf entsprechend der natürlichen Körperform am Übergang zusammenpassen. Die ist insofern von großer Bedeutung, da bei den ausgewählten Datensätzen nicht in jedem Fall oberer und unterer Rumpf von denselben Personen stammen.

Mit der nachfolgenden Abbildung 5-8 wird ein optischer Eindruck vermittelt, wie sich die Körperform bei Steigerung der Umfangsmaße entwickelt. Die Scandaten zeigen deutlich, wie die beim Scannen getragene Bekleidung bei zunehmender Fettauflage die Körperform beeinflusst. Bei der Erarbeitung virtueller Menschmodelle entstehen hier besondere Anforderungen für die realistische Nachbildung der Körperform und die dabei erforderliche Körperformidealisierung (s. Kap. 9).

Unterbrustumfang 75 [cm]

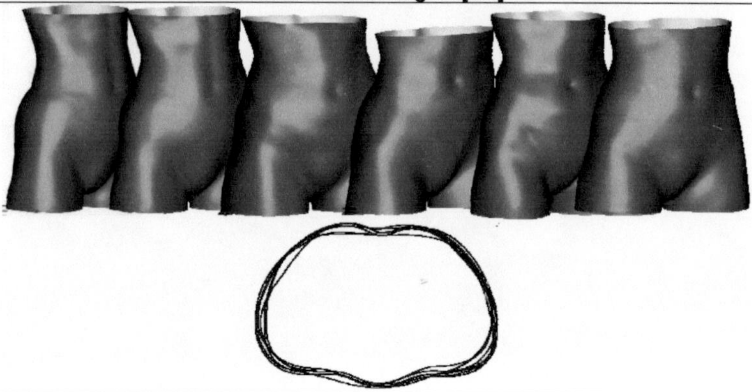

Abbildung 5-8 (a): Auszug aus dem Pool der Scandaten, Auswahl für den unteren Rumpfbereich

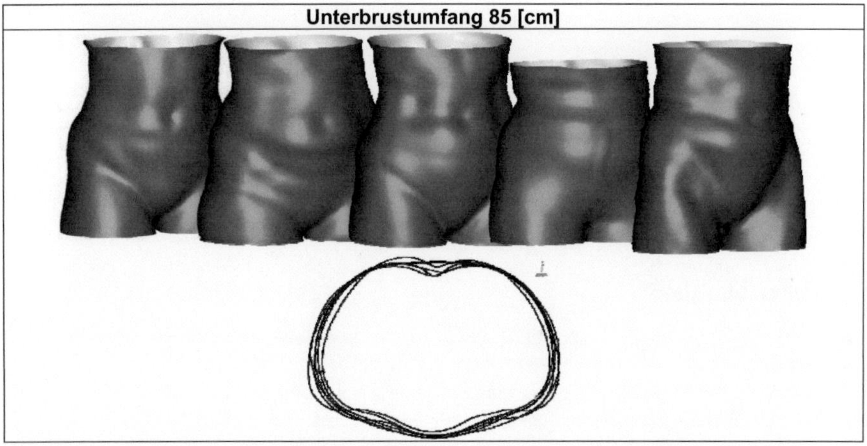

Abbildung 5-8 (b): Auszug aus dem Pool der Scandaten, Auswahl für den unteren Rumpfbereich

- **Reduzierung der Scandaten auf die erforderlichen Körperregionen**

Die Scandaten des Datenpools enthalten 3D-Geometriedaten für den kompletten Körper. Je nach Zuordnung der Körperdaten für die mittleren Körper werden die Datensätze nur noch auf die relevante Köperregionen und den zusätzlichen Übergangsbereich (z. B. in der Taille) beschränkt.

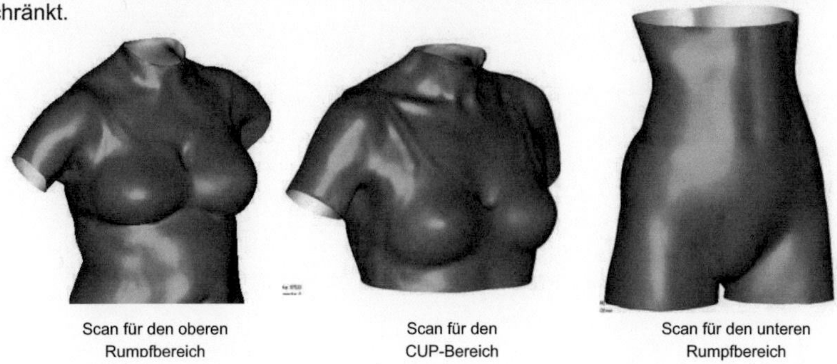

Abbildung 5-9: Reduzierte Scandatensätze

5.4 Überprüfung der Scandatenauswahl

Die ausgewählten Scandatensätze werden schlussendlich bezüglich der Haltung, der Symmetrie sowie weiterer Einflüsse auf die Körpergeometrie bewertet. Bei der Bewertung der Haltung wird auf die Lage und Symmetrie im Schulter-, CUP-, uBU- und Rückenbereich geachtet. Um nicht zu viele Datensätze aussondern zu müssen, wird, bei ansonst positiver Bewertung, nur eine Körperhälfte für weitere Untersuchungen ausgewählt.

Problematisch sind auch Datensätze mit sehr schiefer Körperhaltung oder einer breitbeinigen Stehposition. Die ermittelten Umfangsmaße werden dadurch zwar nicht beeinflusst, aber für die Generierung virtueller Modelle ergeben sich keine geeigneten Querschnitte. Beispielhaft ist hier ein Datensatz mit schiefer Haltung dargestellt (Abb. 5-10).

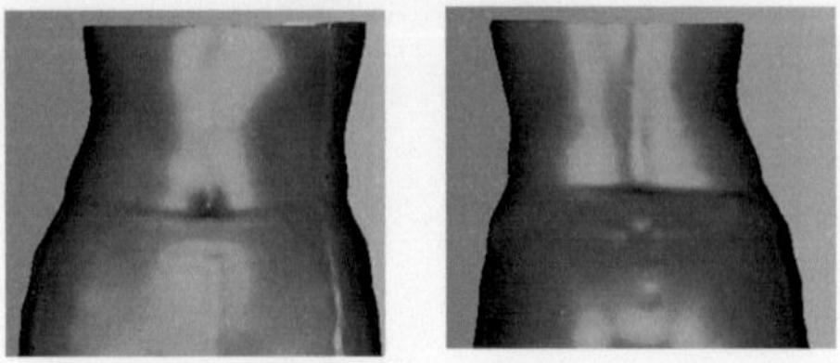

Abbildung 5-10: Schiefe Körperhaltung

Zusammenfassung

Die Zielsetzung dieses Arbeitsschrittes ist es, zuerst die Ausprägung des mittleren Formkörpers in Bezug auf die Körperabmessungen, die Haltung, die Brustform und den Figurtyp zu definieren und anschließend die Datensätze der einzelnen Größen aus dem Datenpool zielsicher auszuwählen. Somit kann sichergestellt werden, dass die zu entwickelnden virtuellen Körperformen und deren Größenparametrisierung ein möglichst breites Spektrum individueller weiblicher Personen abdecken.

6 3D-Datenrepräsentation

6.1 Scandaten

Zur Erfassung anatomischer Formkörper werden, wie bereits erläutert, optische Systeme eingesetzt (vgl. Kap. 3.2). Das Ergebnis der Datenerfassung mittels Scantechnik ist ein Punktemodell, wobei jeder Punkt, der das Modell beschreibt, durch die Koordinaten im Raum (x, y, z) definiert ist. Das Punktemodell wird häufig als Punktewolke bezeichnet. Diese dient zur Visualisierung und als Datenbasis für die sich anschließenden Verarbeitungsschritte. Zur weiteren Einbindung der Scandaten in Softwarelösungen zur Konstruktion und Simulation wird der Export der erfassten Punktedaten in der Regel in folgenden Formaten vorgenommen [SCHU 01], [BEY 02], [SCHÖ 09]:

- ASCII[1] - Koordinatenwerte (x, y, z) der Oberflächenpunkte,
- STL[2] – zur Übergabe triangulierter Daten.

Nach dem Scanvorgang liegen die Daten in ASCII-Format vor. Die Datenverarbeitung im ASCII-Format vorliegender Punktedaten in einem CAD-System ist prinzipiell möglich. Allerdings bereitet den meisten CAD-Systemen der Umfang der anfallenden Datenmenge (Punktewolken in der Größenordnung von einer bis mehreren Millionen Punkten) Schwierigkeiten. Deshalb wurden von verschiedenen Softwareanbietern entsprechende Module zur Datenrekonstruktion entwickelt, die entweder auf das jeweilige CAD-System aufsetzen oder als eigenständige Programmsysteme verfügbar sind.

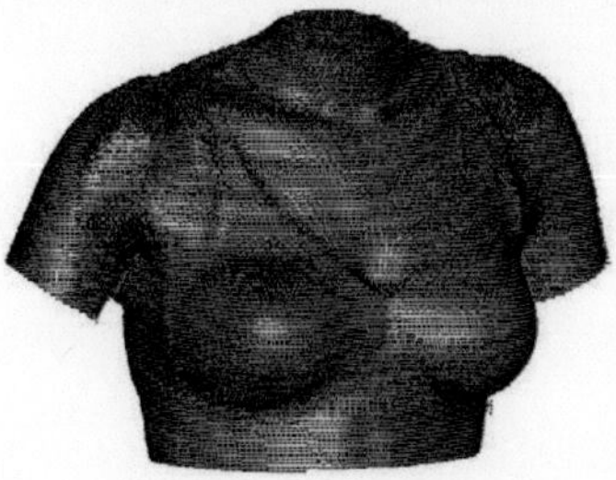

Abbildung 6-1: Beispieldatensatz im ASCII-Format

Eine weit verbreitete Methode der Datenbearbeitung ist die Polygonisierung, auch als Triangulation bezeichnet. Im Ergebnis entsteht ein Facettenmodell, das die Oberfläche durch eine Vielzahl planarer Dreiecke beschreibt. Die Datenspeicherung erfolgt in der Regel im STL-Format.

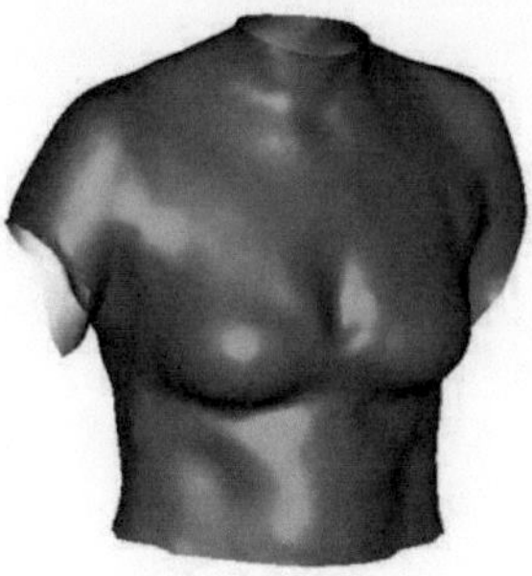

Abbildung 6-2: Beispieldatensatz im STL-Format

[1] ASCII - American Standard Code for Information Interchange
[2] STL - Surface Tessellation Language

Das STL-Format hat sich als de facto-Standardformat zur Übergabe von Daten an Rapid-Prototyping[3]-Anlagen durchgesetzt. Im STL-Format sind die Begrenzungsflächen von Volumenmodellen durch Dreiecke (planare Facetten) und ihren Normalvektoren beschrieben. Für jede Facette werden drei Scheitelpunkte vereinbart und als kartesische Koordinaten gespeichert. Die Scheitelpunkte werden - ausgehend von der Betrachtung außerhalb des Objektes - entgegengesetzt zum Uhrzeigersinn bezeichnet. Gekrümmte Oberflächen werden durch die Dreiecke nur angenähert. Der Normalvektor zeigt vom Objekt nach außen und steht dabei senkrecht auf der Fläche [SCHU 01], [BEY 02], [SCHÖ 09].

Die bei der Datenausgabe zu wählende Facettengröße bestimmt die maximale Seitenlänge der Dreiecke. Je kleiner die Facettengröße ist, desto genauer kann das Objekt abgebildet werden. Allerdings steigen damit auch die Anzahl der zur Beschreibung des Objektes notwendigen Facetten und damit die Größe der STL-Datei exponentiell an. Außerdem benötigen alle Berechnungen erheblich mehr Zeit [SCHU 01], [BEY 02], [SCHÖ 09].

6.2 Flächenrückführung

Um die dreidimensionale Körpergeometrie für die technologisch folgenden Prozesse aufzubereiten, ist die Bestimmung der Oberflächenkoordinaten mit einer stetigen Flächenrückführung aus der gewonnenen Punktemenge bzw. nach erfolgter Triangulation aus dem Facettenmodell verbunden. Die Flächenrückführung beschreibt den Prozess der Generierung von konturbeschreibenden Kurven und Flächen [BEY 02], [KRZ 05].

Es existiert keine Flächenrückführungssoftware, die diesen Prozess für so komplexe Geometrien wie die des menschlichen Körpers vollautomatisch unterstützt und dabei eine realitätsnahe Abbildung der Körpergeometrie erzielt.

Für die Erarbeitung virtueller Geometriemodelle anatomischer Objekte mittels Flächenrückführung stehen am ITM die Softwarelösungen ICEM Surf von Dassault Systems [3DS 11] und Geomagic Studio von *GEOMAGIC* zur Verfügung [GEO 08]. Während ICEM weltweit führend bei der Flächenmodellierung in Class A-Qualität ist, erweist sich die Software Geomagic Studio als besonders geeignet für die Generierung virtueller anatomischer Modelle. Sie bietet eine nutzerfreundliche Handhabung und eine innovative Vorgehensweise zur Flächengenerierung. Durch die automatische Erkennung der Bereiche mittels Krümmungsanalyse werden Konturgrenzen vorgeschlagen und Patches generiert. Patchanzahl und Patchgrenzen werden automatisch so festgelegt, dass die Oberflächenstruktur hinreichend genau abgebildet wird. Bei komplexen Flächen, z. B. menschliche Körper, kann dies auch durch den Anwender erfolgen.

6.2.1 Datenqualität der Scandaten anatomischer Körper

Bedingt durch die Aufnahmetechnik beim Scanprozess und die menschliche Anatomie werden verschiedene Körperbereiche nicht komplett erfasst. Verursacht wird dies zum Teil durch Eigenabschattungen in speziellen Körperbereichen oder durch für die Lichtprojektion nicht erreichbare Körperregionen, deren Flächen in horizontaler Richtung verlaufen. Häufig sind unter den Armen oder im Schrittbereich und teilweise auch im Schulterbereich keine oder nur unzureichende Punkteinformationen verfügbar. In diesen Bereichen ist eine interaktive Oberflächennachbearbeitung notwendig.

[3]Rapid-Prototyping – Fertigungsverfahren für die automatisierte Herstellung dreidimensionaler Modelle in einem Arbeitsgang direkt aus computergenerierten CAD-Daten

- **Körperformbeeinflussung durch Abschattungen**

Wie bereits erwähnt, können bei Körperpartien am Armansatz, im Schrittbereich und im Bereich unterhalb der Brust Fehlstellen im Scan auftreten. In diesen Bereichen muss die natürliche Körperkontur interaktiv nachgeformt werden. Am Armansatz ist dies bei starker Abschattung nicht einfach. Ebenso sind im Schrittbereich nur ungenügende Forminformationen vorhanden, da bei zu enger Beinhaltung oder sehr korpulenten Figuren keine Daten erfasst werden können. Auch am Brustansatz sind selbst bei kleinen CUP-Volumen Lücken in der Oberfläche vorhanden. Durch den horizontalen Verlauf der Lichtprojektion sind diese Bereiche nicht erfassbar (Abb. 6-3, links). Löcher im Scanmodell, die in Folge der Abschattung beim Digitalisieren aufgetreten sind, müssen nachträglich geschlossen werden.

- **Fehler in der Oberflächenabbildung durch Bewegung des Probanden**

Selbst kleinste Bewegungen der Probandinnen während des Scanprozesses führen zu Problemstellen im Datensatz (Abb. 6-3, links).

- **Kalibrierungsfehler**

Die unzureichende Kalibrierung des Gerätes führt beim Matchen der Daten der einzelnen Aufnahmesysteme zu überlagerten Flächen (Abb. 6-3, rechts).

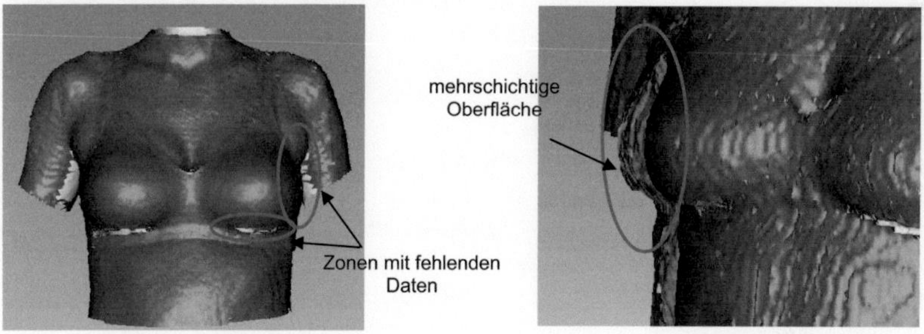

Abbildung 6-3: Problemstellen bei Scandaten

Mehrschichtige Oberflächen müssen manuell auf eine Schicht reduziert bzw. nachgearbeitet werden.

- **Körperformbeeinflussung durch Bekleidung**

Durch die Bekleidung, die der Proband beim Scanvorgang trägt, können die Teile der Körperform überbrückt oder verändert werden. Dies betrifft einerseits den Bereich Hüfte/Gesäß, in dem die natürliche Gesäßform durch die genutzte Unterwäsche in verfälschter Form aufgezeichnet wird. Andererseits verändert der Büstenhalter die Brustform. Obwohl durch die Nutzung eines speziellen Mess-BH die natürliche Brustform weitestgehend unverändert wiedergegeben wird, entstehen die Verfälschungen der Körperform in der Brustmitte durch den BH-Steg und im Rückenbereich durch den BH-Verschluss. Insbesondere bei stärkeren Figuren wird die Körperform durch den Büstenhalter im Rücken teilweise stark komprimiert. Diese bekleidungsspezifischen Körperformabweichungen müssen bei der Entwicklung virtueller 3D-Formkörper berücksichtigt und zum Teil korrigiert werden.

6.2.2 Bearbeitungsschritte zur Erstellung von CAD-Flächen

Importierten ASCII-Daten wurden importiert und über die Stufe der Polygonisierung bis hin zur Beschreibung der Oberfläche mit CAD-Flächen (NURBS[4]-Flächen) weiter bearbeitet. Die dazu notwendigen Arbeitsschritte werden nachfolgend detailliert beschrieben und in einem Schema (Abb. 6-5 (Teil 1), Abb. 6-16 (Teil 2)) zusammengefasst. Je nach Funktionsumfang des verwendeten Softwareprogramms können die Möglichkeiten der Datenaufbereitung variieren. Zur Datenbearbeitung wurde die Software Geomagic Studio verwendet.

6.2.2.1 Bearbeitungen in der Punktewolke-Phase

Trotz einer enormen Entwicklung der Softwarenlösungen zur Bearbeitung von Punktewolken werden diese Arbeiten bei Einzelobjekten im Reverse Engineering[5] auch heute noch überwiegend interaktiv durchgeführt [SCHÖ 09]. Die Bearbeitung der dreidimensionalen Körpergeometrie verlangt neben umfangreichen Kenntnissen der menschlichen Anatomie auch Fingerspitzengefühl.

Die Aufbereitung der Punktewolken kann als Vorverarbeitung für die Flächenrückführung bezeichnet werden. Die Methoden und Parameter variieren dabei in Abhängigkeit der Punktewolke und den Nutzeranforderungen. Die Aufbereitung der Scandaten anatomischer Objekte, die mittels Ganzkörperscanner nach dem Laser-Lichtschnitt-Verfahren aufgenommen werden (s. Kap. 3.2), enthält folgende Schritte:

- **Filtern**

Beim Filtern der Scandaten wird zwischen Methoden zur Datenreduktion und zur Glättung unterschieden. Das Reduzieren der Digitalisierdaten ist erforderlich, um die enorm hohe Zahl der sich sonst ergebenen Dreiecke zu beschränken und dadurch eine effiziente Verarbeitung zu ermöglichen. Eine Reduzierung erfolgt dabei anhand eines vorgegebenen Abstandes zu den Nachbarpunkten gleichmäßig anhand einer definierten Anzahl oder unter Berücksichtigung der lokalen Krümmung. Bei der Glättungsmethode wird der Anzahl der Punkte nicht verändert, sondern die Änderungen betreffen die Filterbreite bzw. den Grad der Überlappung. Dabei muss aber darauf geachtet werden, dass die Form nicht verfälscht wird. Die Notwendigkeit der Kombination der Filtermethoden ist durch die sehr unterschiedlichen Krümmungsbereiche der Körpergeometrie begründet.

  - Gleichmäßige Reduktion

Mit Hilfe dieser Funktion ist es möglich, die Zahl der Punkte unabhängig von der Krümmung der Oberfläche zu verringern, wobei die genaue Darstellung des Körpers weitestgehend beibehalten wird. Die gewünschte Anzahl von Punkten kann definiert werden. Je kleiner die Anzahl, desto größer wird die Rauschigkeit später erstellter Polygonflächen und desto höher ist die Anzahl von kleineren Löchern.

---

[4] Non Uniform Rational B-Splines

[5] Reverse Engineering –bezeichnet hier den Prozess der 3D-Digitalisierung eines physischen Modells und die darauf folgende Generierung eines recheninternes Geometriemodells

- Krümmungsreduktion

Bei dieser Art der Punktereduktion wird die Krümmung der Oberfläche berücksichtigt. Nahezu ebene Bereiche werden stark ausgedünnt, bei stark gekrümmten Bereichen erfolgt keine wesentliche Reduzierung.

- Rauschen verringern

Häufig sind die nach dem Scanvorgang ermittelten Daten durch ein ungleichmäßiges Aussehen der Oberfläche gekennzeichnet. Ursachen hierfür können Ungenauigkeiten bei der Scankalibrierung oder kleine Bewegungen der Probanden sein. Die Funktion Rauschen reduziert die Stärke des Rauschens und ermöglicht somit eine bessere Abbildung des Messobjektes.

- **Entfernung von überflüssigen Objektbereichen**

Punkte, die weit außerhalb der Punktewolke liegen, werden entfernt. Das sind sogenannte statistische Ausreißer, welche einen vorgegebenen Abstand zu anderen Punkten überschreiten. Den Abstand selbst kann man nicht vorgeben, sondern man beeinflusst den Grenzwert durch Vorgabe eines Sensitivitätswertes zwischen 0 % und 100 %. Dabei wird für jeden Punkt der Abstand zu seinem nächsten Nachbarn berechnet. Ein höherer Sensitivitätswert bedeutet eine höhere Anzahl der eliminierten Ausreißer.

Die Flächenrückführungssoftware Geomagic Studio bietet durch die unterstützenden Programmfunktionen die Möglichkeit, die Lücken in der Punktewolke durch das Hinzufügen von Punkten zu schließen. Das Schließen von Lücken, die durch die Abschattung während des Scanvorgangs entstehen, ist in der Punktewolke-Phase nicht empfehlenswert und wird in der weiteren Bearbeitungsphase vorgenommen. Dies betrifft auch das Löschen bzw. Herausfiltern von bestimmten Punktebereichen, z. B. mehrschichtigen Oberflächen. Das Bereinigen der Punktewolke ist sehr aufwändig und führt oft nicht zu dem optimalen Ergebnis. Die Bearbeitung der Daten der anatomischen Objekte in der Polygon-Phase ist durch die bessere Erkennung der Körpergeometrie effizienter.

6.2.2.2 Bearbeitung in der Polygon-Phase

Alle zu empfehlenden Arbeitsschritte zur Polygonisierung und Flächenaufbereitung eines digitalisierten anatomischen Objektes werden anhand des Schemas (Abb. 6-5) zusammengefasst.

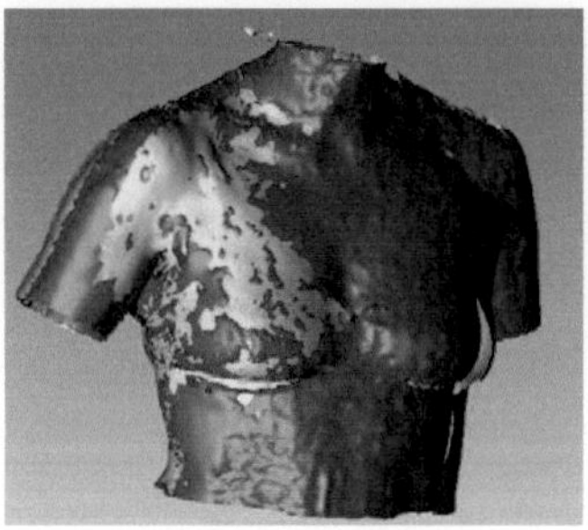

Zur Verbesserung der Visualisierung gescannter Objekte werden häufig triangulierte Punktewolken als STL-Datensätze zur Verfügung gestellt.

Die Qualität der Datensätze beeinflusst wesentlich den Zeitaufwand für die nachfolgenden Bearbeitungsschritte. Je weniger Fehler im Polygonmodell auftreten, desto weniger Nacharbeit ist erforderlich.

Abbildung 6-4: Datensatz nicht ausreichender Qualität

Generell sollten die STL-Daten die nachfolgend genannten Anforderungen erfüllen [BEY 02]:

- identische, sich überlappende, sich schneidende, mehrfach verbundene oder degenerierte Polygonen dürfen nicht vorhanden sein,
- der Normalenvektor der Polygone muss von der Materialseite nach außen zeigen,
- die Punkt-zu-Punkt-Regel muss gelten; dies bedeutet, dass jedes dreieckige Polygon von drei benachbarten Polygonen umgeben ist, die zwei Scheitelpunkte gemeinsam haben; Punkte, die auf die Begrenzung einer benachbarten Fläche stoßen, sind nicht zulässig.

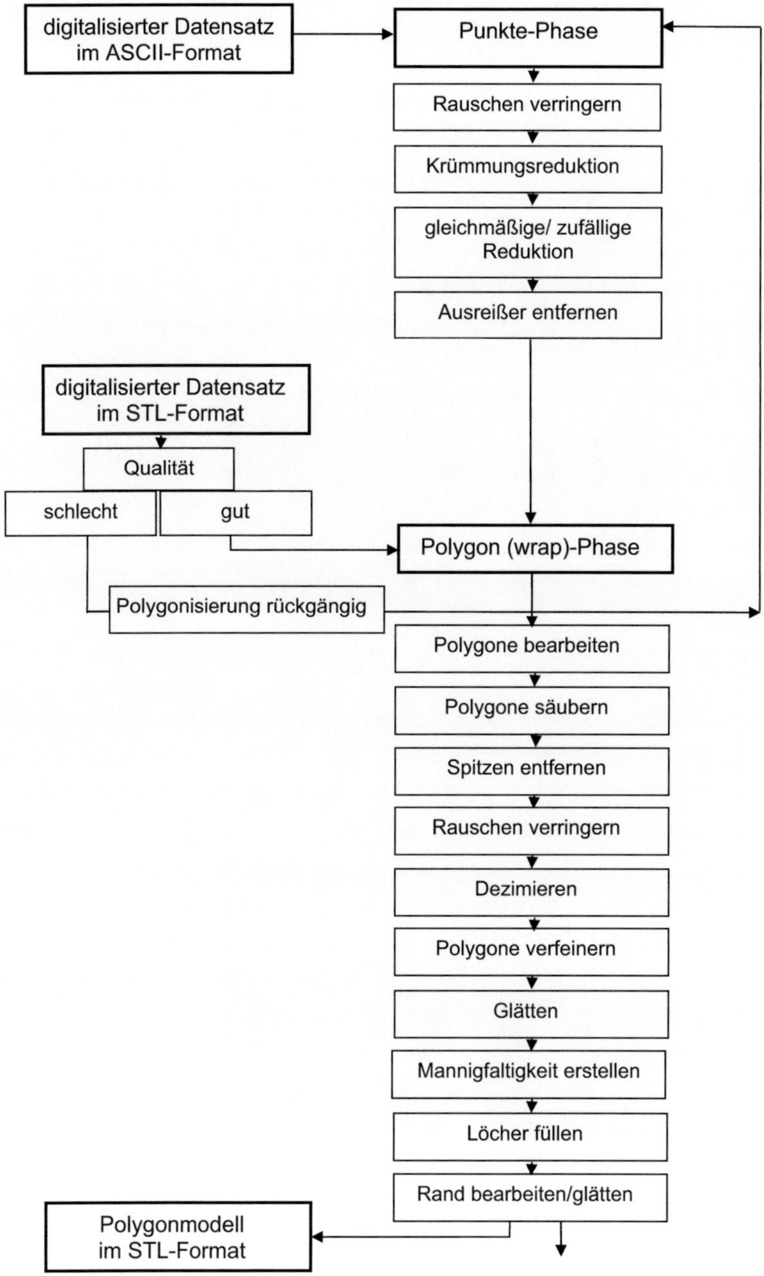

Abbildung 6-5: Datenaufbereitung für CAD-Anwendungen (Teil 1)

In der Polygon-Phase werden die Bearbeitungsschritte entsprechend der Abbildung 6-5 ausgeführt. Die Körperoberfläche wird geglättet, wenn möglich, kann die Anzahl der Polygone weiter verringert werden.

Die Körperoberfläche zeigt einige Bereiche mit fehlenden Daten. Hier muss die natürliche Körperkontur interaktiv nachgeformt werden. Für die Konstruktion von Unterwäsche bzw. eng anliegender Kleidung sind der Brust- und der Schrittbereich enorm wichtig und müssen deshalb möglichst genau rekonstruiert werden. Wichtig ist dabei, die Körpermaße weitestgehend beizubehalten.

Verbliebene Löcher können krümmungsbasiert oder flach gefüllt werden. Grundsätzlich stehen hierfür drei Möglichkeiten zur Verfügung:

- kleine Löcher, für die nur wenige Polygone benötigt werden, können in einem Schritt gefüllt werden.

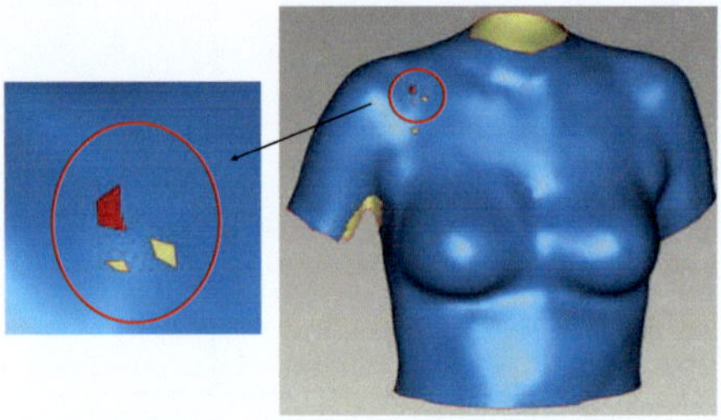

Abbildung 6-6: Füllen kleiner Löcher in der Polygon-Phase

Sind die im Modell zu füllenden Bereiche größer und mit einer Änderung der Krümmungsrichtung verbunden, sind mehrere Arbeitsschritte erforderlich:

- zunächst wird eine Brücke zwischen den gegenüberliegenden Polygonen erstellt,
- danach erfolgt das partielle Füllen der Löcher.

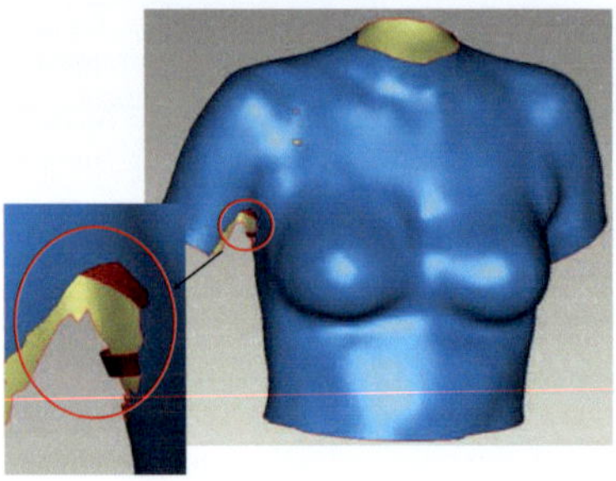

Abbildung 6-7: Brücke erstellen sowie partielles Füllen, Beispiel: Armansatz

Das Korrigieren von Fehlern verlangt trotz softwareseitiger Unterstützung einige Erfahrungen (s. Abb. 6-8).

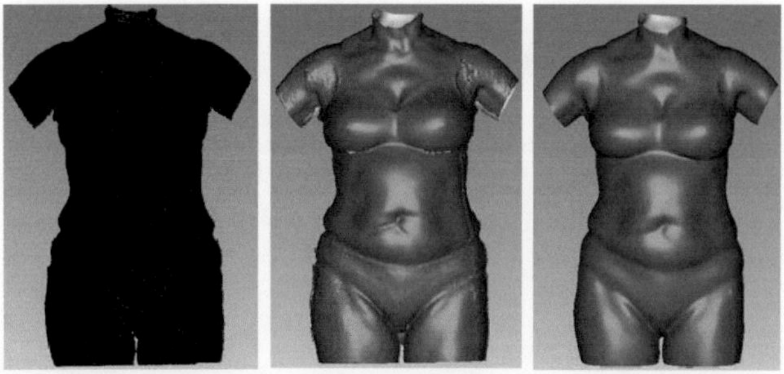

Abbildung 6-8: Datensatz (Punktewolke), Polygonmodell vor und nach der Bearbeitung in der Polygon-Phase

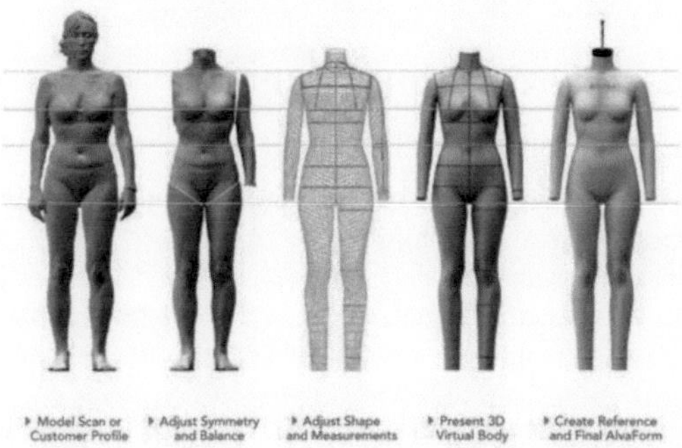

Das mittels Polygonisierung erzeugte wasserdichte Polygonmodell wird vorrangig für Simulations- und Visualisierungszwecke (vgl. Kap. 3) sowie für die Erstellung physischer Modelle, z. B. firmenindividuelle Büsten mittels Rapid Prototyping angewandt [GEOH 08]. Abbildung 6-9 zeigt die Bearbeitungsschritte anhand einer Büste der Firma *ALVANON*.

Abbildung 6-9: Herstellung einer Büste aus den Scandaten einer Person, *ALVANON*, USA [ALV 11]

Für die Bestimmung der Körpermaße, siehe Kapitel 7, ist es ebenso ausreichend nur die Polygonisierung durchzuführen.

6.2.2.3 Erstellung von Polynom-Flächen

Für die dreidimensionale Entwicklung von Bekleidungsprodukten, dies umfasst das ästhetische und das technische Design, müssen die Geometriemodelle in 3D-CAD-Systeme implementiert werden. Dafür muss zunächst eine geeignete Darstellung der Oberflächengeometrie erzeugt werden.

Die Oberflächendarstellung mittels Polygonen oder Polynomen lassen sich durch folgende Vor- und Nachteile charakterisieren [SCHÖ 10]:

Fläche im Raum, durch Polygone beschrieben (s. Kap. 6.2.2.2):

- in 3D-CAD-Systemen im Allgemeinen nicht manipulierbar;
- detailgetreue Reproduzierbarkeit des Objektes;
- geringer Zeitaufwand für die Generierung;
- hoher Datenumfang.

Fläche im Raum, durch Polynome beschrieben:

- in allen 3D-CAD-Systemen änderbar;
- stetige und glatte Oberfläche;
- hoher Zeitaufwand für die Generierung;
- geringer Datenumfang.

Mehrere Autoren [WIR 02], [SCHU 01], [KRZ 05] und eigene Erfahrungen bestätigen, dass das Weiterverarbeiten triangulierter Flächen in einem CAD-System nur begrenzt möglich ist. CAD-Systeme arbeiten auf der Basis von polynomialen Flächen, weil diese Krümmungen folgen können. Polynome sind zwar gut zur lokalen Approximation von Flächen geeignet, es ist allerdings nur in den seltensten Fällen möglich, eine größere, mehrfach gekrümmte Fläche durch nur ein Polynom darzustellen. Eine gewünschte geometrische Form wird aus einzelnen Polynomflächen aufgebaut. Der Anwender ist bestrebt, deren Anzahl gering zu halten. Ist eine CAD-Fläche stückweise definiert, so ist es wichtig, dass die einzelnen Flächenstücke stetig, das kann punkt-, tangenten- oder krümmungsstetig sein, ineinander übergehen. Meist werden tangenten- oder krümmungsstetige Übergänge angestrebt.

Die Oberfläche virtueller, anatomischer Modelle muss demzufolge für die 3D-Schnittkonstruktion durch mathematisch formulierbare Kurven und Flächen stetig beschrieben werden. Flächen ersten Grades (Strecken, plane Flächen) und zweiten Grades (Zylinder-, Kegel- und Ellipsoidflächen) reichen nicht aus, um die gewünschte Annäherung an die Scandatenpunkte zu erzielen. Deshalb müssen analytisch beschriebene Kurven und Flächen höherer Ordnung erzeugt werden. Sie werden als Freiformkurven und Freiformflächen bezeichnet. Im Folgenden werden wesentliche Eigenschaften kurz erläutert. Umfangreichen Angaben sind dazu unter anderem in [TOR 93], [TÖN 94], [ZAV 95], [NOA 01], [KRZ 05] dargelegt. Diese mathematischen Grundkenntnisse sind bei der Erstellung der Flächen für parametrische Formkörper zur Einbindung in eine CAD-Umgebung von Bedeutung (s. Kap. 9).

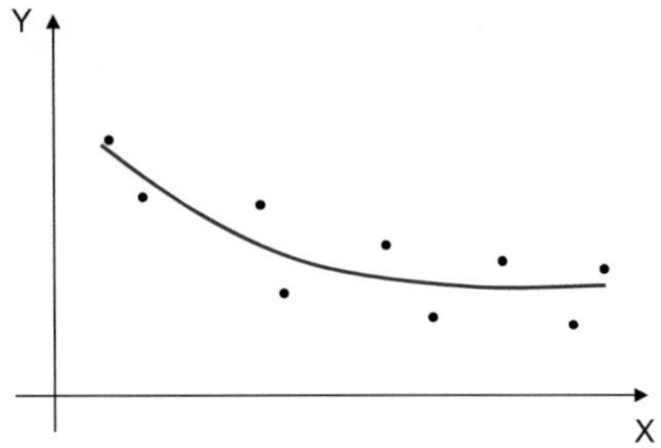

Abbildung 6-10: Approximation nach [NOA 01]

Aus den digitalisierten Punkten werden zunächst Kurven und dann Flächen approximiert. Bei approximierten Verfahren werden die vorgegebenen Punkte durch die erzeugten Kurven bzw. Flächen nur annähernd beschrieben. Da bei der optischen Formerfassung anatomischer Modelle häufig über eine Million Punkte zur Verfügung stehen, sind hier nur Vorgehensweisen mittels Approximation umsetzbar.

Für die Repräsentation von Kurven und Flächen höherer Ordnung gibt es zwei verschiedene Ansätze. Die Bezier-Approximation ist eine der gebräuchlichen Kurvenapproximationen und wurde ursprünglich für das rechnergestützte Design im Automobilbau entwickelt [ZAV 95], [NOA 01].

Die Verbindung der Bezier-Punkte wird als Bezier-Polygon bezeichnet. Der erste und der letzte Punkt des Kontrollpolygons fallen mit Anfangs- und Endpunkt der Bezier-Kurve zusammen. Das Kontrollpolygon spannt eine „konvexe Hülle" auf, in der die Kurve vollständig liegt (Abb.6-11, rechts). Die Form der Kurve hängt von allen Kontrollpunkten ab (Abb. 6-11, links). Der Grad der Bezier-Kurve wird aus der Anzahl der Kontrollpunkte minus Eins ermittelt.

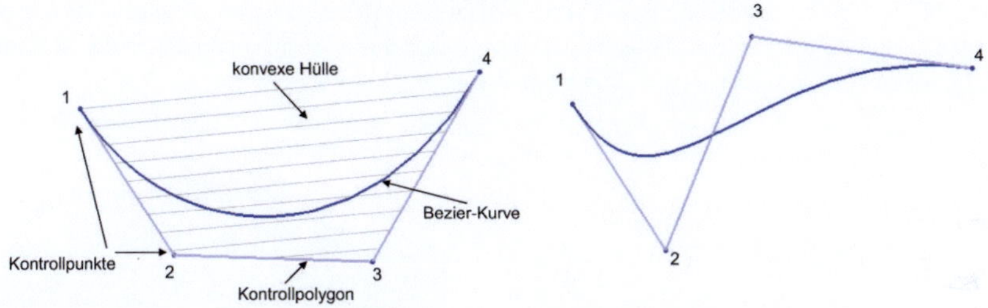

Abbildung 6-11: Links: Darstellung der Bezier-Kurve; Rechts: Änderung der Kontrollpunkte

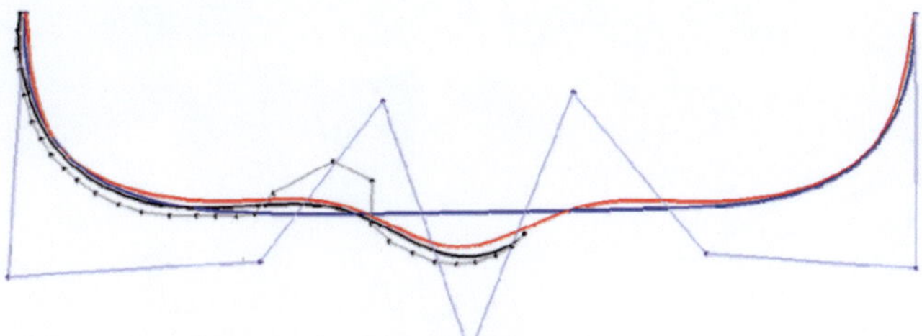

rot - Körperkontur (vorderer Körperkontur von HU, Gr.36);
blau – Bezier-Kurve mit 9 Kontrollpunkten; schwarz – Bezier-Kurve mit 30 Kontrollpunkten

Abbildung 6-12: Bezier-Kurven hoher Ordnung

Um die Körperkontur von Menschen in verschiedenen Schnittebenen rechentechnisch beschreiben zu können, wird eine komplexe Kurve mit teilweise starken Krümmungsänderungen benötigt. Diese Kurve auf Basis einer Bezier-Beschreibung abzubilden erfordert eine hohe Zahl von Kontrollpunkten. Bei Verschiebung eines Kontrollpunktes ändert sich jeweils der gesamte Kurvenverlauf. Somit ist die Kurvenanpassung schwer möglich. Je nach CAD-System ist die Anzahl möglicher Kontrollpunkte begrenzt. Mit der Anzahl der Kontrollpunkte steigen die rechentechnischen Anforderungen, da Gleichungen hohen Grades gelöst werden müssen. Um dies zu umgehen, kann die gesamte Kurve aus einzelnen Bezier-Kurven zusammengesetzt werden. Zur Erzielung einer glatten Kurve müssen dann an den Anfangs- und Endpunkten interaktiv Tangenstetigkeiten definiert werden. Dieses Problem wird bei der Verwendung von B-Splines umgangen (Erläuterung siehe unten).

Bei der Flächendarstellung passt sich die Bezier-Fläche an den durch vier Eckpunkte begrenzte Flächenstücke tangential an. Wie bereits gbeschrieben, beeinflusst die Anzahl der Kontrollpunkte die Polynomordnung und den damit verbundenen Rechenaufwand. Eine sehr komplexe Fläche, die unter anderem über 3 bzw. 4 Bezier-Randkurven erstellt werden kann, lässt sich generell schwer realisieren. Die Kontrollpunkt-Modifikation der Bezier-Kurvendarstellung wirkt sich auf die gesamte Fläche aus.

Dieser Einfluss ist bei den B-Splines nicht gegeben. Die Kopplung des Polynomgrades an die Anzahl der Kontrollpunkte (de Boor-Punkte) ist aufgebrochen. Bei den B-Splines ist nur eine lokale Änderung der Punkte vorgesehen. Der Vergleich des B-Spline-Verlaufes in der Abbildung 6-13, links oben und unten verdeutlicht diese Aussage.

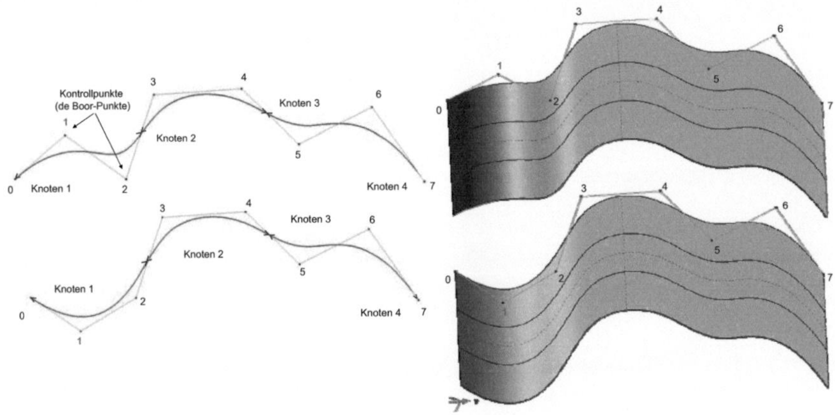

Abbildung 6-13: Links: Kurvenpolynom durch B-Spline (4 Knoten, 7 Kontrollpunkte);
Rechts: B-Spline-Fläche

Die mittels B-Spline konstruierte Kurve befindet sich ebenfalls innerhalb der konvexen Hülle der Kontrollpunkte, deren Gewichtung für den betreffenden Kurventeil von Null verschieden ist. Die in der Abbildung 6-13 dargestellte B-Spline-Kurve bildet die Grundlage für die B-Spline-Flächenbeschreibung. Die Änderung der Kontrollpunkte hat nur einen lokalen Einfluss auf die Fläche (Abb. 6-13, rechts). Umfangreiche Angaben zur Polynom-Beschreibung von in CAD-Systemen verwendeten Kurven und Flächen sind unter anderem in [TOR 93], [TÖN 94], [NOA 01], [KRZ 05] dargelegt.

Die Abbildung 6-14 stellt einen Teil des Körperrumpfes als Bezier- und B-Spline-Fläche dar. Es ist zu erkennen, dass die Bezier-Darstellung nicht allen Krümmungsänderungen des Körperrumpfes folgen kann. Ebenso wird der Einfluss der Änderung eines Kontrollpunktes gezeigt.

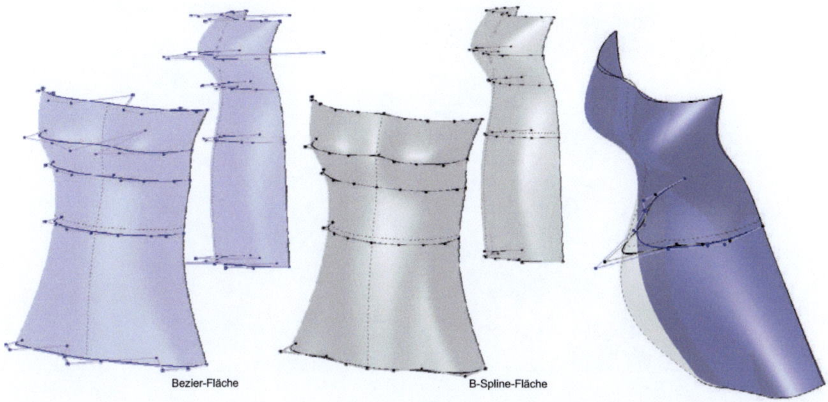

Abbildung 6-14: Vorderteil des Körperrumpfes als Bezier- und B-Spline-Fläche

NURBS (Non Uniform Rational B-Spline) bilden eine Obermenge der B-Spline-Funktionen und der Bezier-Darstellungen. NURBS-Flächen verfügen über die Eigenschaften parametrischer rationaler Polynome, mit denen fast beliebige Flächenformen modelliert werden können. Aus diesem Grund sowie durch die hohe Manipulierbarkeit können NURBS als Quasi-Standard im CAD-Bereich angesehen werden [MEH 00]. Der Begriff Non-Uniform bezieht sich auf variierbare Abstände der Kurve zu den Kontrollpunkten, durch die komplexe Oberflächen exakt repräsentierbar werden. Durch die sogenannten „Gewichte" können die Kontrollpunkte mehr oder weniger betont werden. Der Begriff der Rationalität bezieht sich hier auf die verwendeten gebrochenen rationalen Polynom-Funktionen, durch welche eine glatte Oberfläche bei nicht einheitlichen Abständen der Kontrollpunkte erzeugt werden kann.

Die NURBS-Flächen kommen für die Beschreibung der Freiformflächen zur Anwendung. Die komplexe menschliche Anatomie kann mit derartigen Flächen beschrieben werden.

Die Software Geomagic Studio bietet unterstützende Programmfunktionen für die manuelle und automatische Erstellung der NURBS-Flächen der bearbeitenden Polygonmodelle. Die manuelle Erstellung der NURBS-Flächen nach Variante 1 in Abbildung 6-16, Teil 2 ist mit einem hohen zeitlichen Aufwand verbunden. Die erzielbare Flächenqualität (Abb. 6-15, Var. 1) ist sehr gut, verlangt aber große Erfahrung in der Bearbeitung. Wenn möglich, ist es vorteilhaft NURBS-Flächen automatisch durch die unterstützenden Programmfunktionen zu erstellen. Dabei durchläuft die Software alle aufgeführten Arbeitsschritte entsprechend der Abbildung 6-16, Teil 2. Bei der automatischen Erzeugung der Flächen kann der Anwender das Ergebnis durch zwei Parameter beeinflussen, und zwar durch die Unterscheidung zwischen einfacher und komplexer Modellgeometrie bzw. deren automatischer Schätzung und den Grad der Wiedergabe der Oberflächendetails. Die Wiedergabe der Oberflächendetails ist bei kleinen Krümmungsradien häufig nicht zufriedenstellend. Die automatische Generierung der NURBS-Flächen ist in Abbildung 6-15 unter Variante 2 dargestellt.

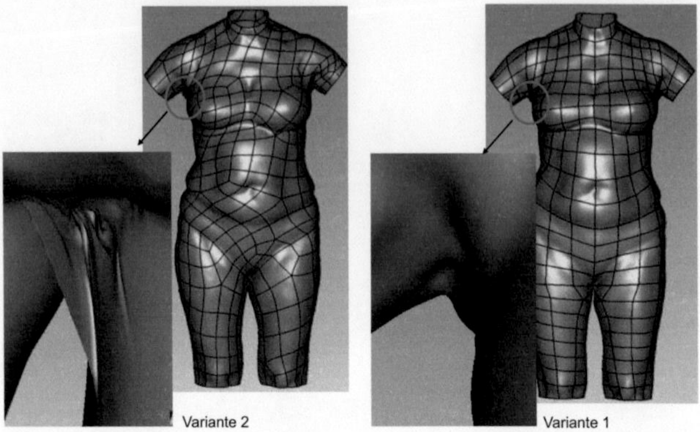

Abbildung 6-15: Automatische und manuelle Erstellung der NURBS-Flächen eines Datensatzes

Diese äußerst aufwändige Erarbeitung CAD-tauglicher Oberflächenbeschreibungen für personenindividuelle Datensätze ist nur in Ausnahmefällen für die Maßkonfektion, z. B. für Hochleistungssportler oder im medizinischen Bereich, sinnvoll. Das Ziel der Arbeit besteht deshalb in der Erarbeitung parametrischer Geometriemodelle für die industrielle 3D-Bekleidungskonstruktion. Die Geometriemodelle werden auf Basis von Querschnitten der mittleren Formkörper konstruiert. Dabei soll die Körpergeometrie verschiedener Größen berücksichtigt werden.

Die durch die Bearbeitung entstandenen Spline-Kurven und -Flächen können über neutrale Datenformate, wie z. B. IGES, STEP oder VDA-FS, in 3D-CAD-Software anderer Anbieter übertragen werden [SCHU 01], [BEY 02], [SCHÖ 09].

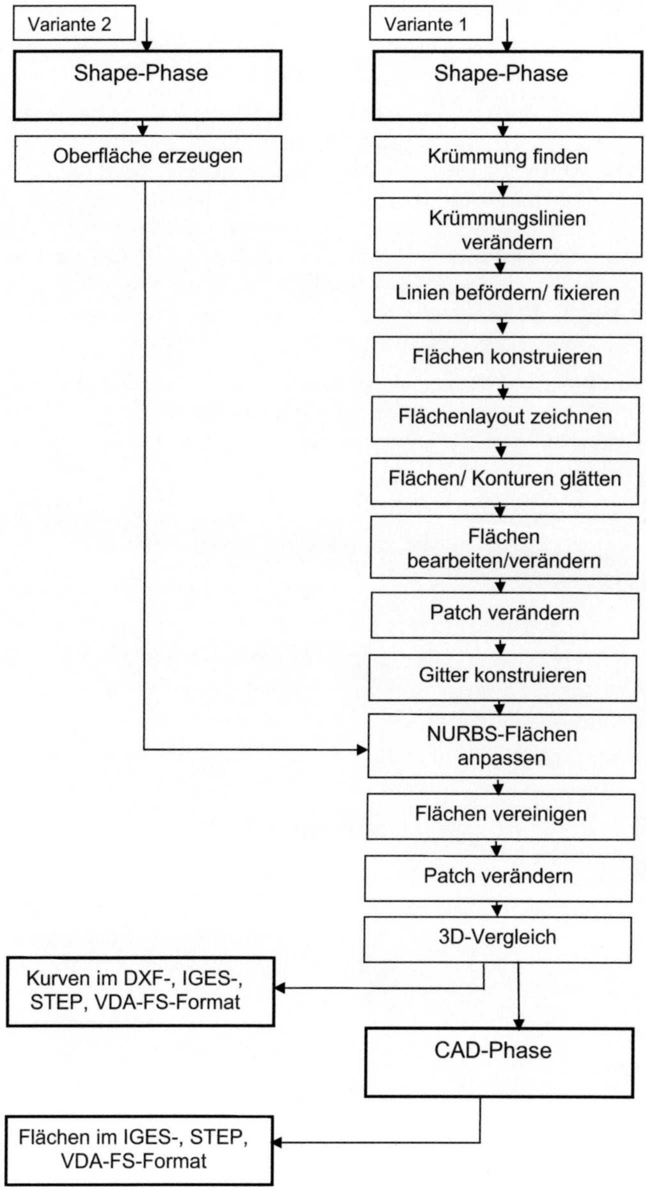

Abbildung 6-16: Datenaufbereitung für CAD-Anwendungen (Teil 2)

6.3 Kontrolle der Qualität der Flächenrückführung

Die Flächen sollen möglichst formtreu das Objekt beschreiben, d. h. der Abstand zwischen der Punktewolke (Scandaten) und den generierten Flächen muss möglichst gering sein.

Um die Genauigkeit der Darstellung der virtuellen Formkörper zu überprüfen, ist der 3D-Formvergleich geeignet. Mit Hilfe der Software Geomagic Qualify von *GEOMAGIC* ist ein grafischer Vergleich zwischen Scandaten und der daraus erzeugten Polygonfläche und/oder den CAD-Flächen möglich. Der Vergleich dient der Bewertung und Verifizierung der Ergebnisse. Es wird eine Falschfarbendarstellung erzeugt, die schon auf den ersten Blick die Abweichungen zwischen den Datensätzen visualisiert. Der 3D-Vergleich basiert auf den ermittelten Vektorlängen. Die Farben werden in Farbkategorien eingeteilt und auf die jeweiligen Dreiecke projiziert. Als Ergebnis entsteht eine mehrfarbige Fläche. Daraus können die Aussagen zum Abstand der Vergleichsoberflächen getroffen werden [GEOH 08].

Die Ergebnisse der 3D-Analyse können als Farbmodelle oder Farbpunktabweichungen für den Vergleich von 2D-Konturen, erzeugt durch Schnittebenen, dargestellt werden. Alle verarbeiteten 3D-Datensätze werden nach dem nachfolgend beschriebenen Schema (Abb. 6-17) überprüft.

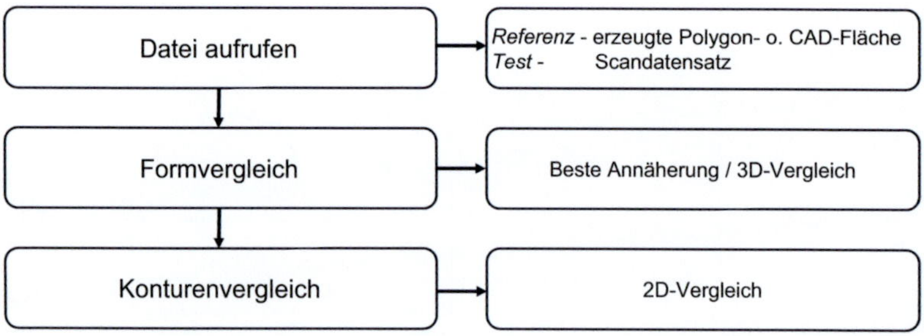

Abbildung 6-17: Form- und Konturenvergleich der 3D-Datensätze

Die in der Abbildung 6-18 erkennbaren, teilweise erheblichen Abweichungen resultieren aus den fehlenden Daten in abgeschatteten Bereichen. In den anderen Bereichen werden Abweichungen bis zu ± 5 mm toleriert. Diese Abweichungen wirken sich natürlich auf die Längen der Schnittkurven aus. Die Vergrößerung bzw. Verkleinerung der Umfangsmaße führen jedoch nicht zu einer veränderten Größenzuordnung nach Körpermaßtabelle in der Bekleidungsbranche.

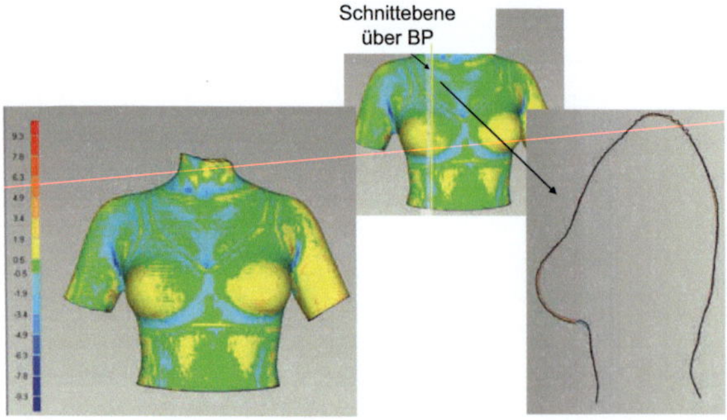

Abbildung 6-18: 3D-Formvergleich

Der 2D-Konturenvergleich anhand einer Schnittebene verdeutlicht die Abweichungen zwischen den Datensätzen genau an den Stellen, an denen die für die nachfolgende Vermessung (s. Kap. 7) benutzten Schnittkurven positioniert werden (Abb. 6-18, links). Trotz einer gründlichen Datenbearbeitung können einige Datensätze infolge zu vieler Ungenauigkeiten im Scandatensatz nicht zur weiteren Auswertung herangezogen werden.

Die ausgewählten Scandatensätze entsprechen in der Regel nicht in allen Körpermaßen der Standardmaßtabelle und unterscheiden sich auch innerhalb einer Größe etwas in der Körperform. Außerdem sind die individuellen Körper asymmetrisch, so dass eine weitere Bearbeitung der Daten erfolgen muss. Die mittleren 3D-Körper werden daher nur annähernd die Geometrie der Scandaten wiedergeben.

Zusammenfassung

In der Tabelle 6-1 sind die in diesem Kapitel beschriebenen Möglichkeiten des Datenaustausches zusammenfassend dargestellt.

Tabelle 6-1: Datenaustausch zwischen Scantechnik, Flächenrückführung und CAD-Software bis zum Rapid Prototyping

Bearbeitungsschritte / Repräsentationsform	3D-Scantechnik	Flächenrückführung	3D-CAD-Software	Rapid Prototyping
Punkte (ASCII-Format)	X	X	X (nur einlesen, keine effektive Arbeitsweise)	-
Polygone (STL-Format)	X	X	X (nur einlesen, keine effektive Arbeitsweise)	X
Kurven (IGES-, VDA-FS, STEP-Format)	-	X	X	-
Flächen (IGES-, VDA- FS, STEP-Format)	-	X	X	X

Ziel ist es, den natürlichen Körper in einer leicht idealisierten Form abzubilden. Das ausgearbeitete Schema der Bearbeitungsschritte (Abb. 6.5, Teil 1 und Abb. 6.16, Teil 2) von der Punktewolke bis hin zu CAD-tauglichen Flächen kann je nach verwendeter Software variieren. Die mathematischen Grundkenntnisse, die in diesem Kapitel dargelegt sind, sind nachfolgend für die Erstellung parametrischer Formkörper in CAD-Systemen von Bedeutung.

7. Formanalyse und Vermessung des Datenbestandes

Der erste Schritt zur Beschreibung des Körpers beinhaltet die Auswahl relevanter Körpermaße, die zur Skalierung eines virtuellen weiblichen Formkörpers unbedingt erforderlich sind.

Eigene Vorarbeiten [SAY 04], [SOL 06] haben ergeben, dass die Anzahl der Körpermaße der Standardmaßtabellen (z. B. Brustumfang, Taillenumfang) nicht ausreichend sind, um eine realistische Beschreibung des gesamten Körpers mit Freiformflächen zu gewährleisten. Somit wird notwendig, die zusätzlich benötigten Messdaten in Form von Umfangsmaßen, Abständen und Punkt-Koordinaten zu generieren, um die Beschreibung des Körpers und die Verteilung des Körpervolumens für unterschiedliche Größen zu ermöglichen. Die Auswahl der Zusatzmessdaten erfolgt so, dass ein guter Kompromiss zwischen der Einfachheit der Körperbeschreibung und den Anpassungsmöglichkeiten erzielt werden kann, um ein interaktives Vermessen unnötig vieler Körperbereiche zu vermeiden.

7.1 Formanalyse des oberen Rumpfbereiches

Für die Darstellung des ganzen oberen Rumpfbereiches im Größenspektrum von Unterbrustumfang 65 cm bis 95 cm mit dazugehöriger CUP-Skalierung von Cup A bis Cup E ist es wichtig die unterschiedlichen Körperausprägungen genau zu definieren. Zunächst werden dazu Primär- und Sekundärmaße entsprechend der europäischen Norm EN 13402-1:2001 [EN13402 01] anhand des virtuellen Formkörpers ermittelt. Danach werden weitere Maße erhoben. Der Brustbereich wird gesondert vermessen.

7.1.1 Festlegung der Schnittebenen

Bei der Systematisierung und Auswahl der Schnittebenen für die Beschreibung der Körper über alle Datensätze des gesamten Größenspektrums hinweg ergibt sich die Schwierigkeit der Festlegung einer gleichen Anzahl von horizontalen und vertikalen Schnittebenen und Messpunkten. Es wird versucht, auf Basis anthropometrischer Merkmalspunkte (Schulterknochen, Achsel, Schulterblatt, vgl. Kap. 2) für alle Größen und Körperausprägungen eine hinreichende Beschreibung zu finden. Für die Festlegung der Schnittebenen kommen die Softwarelösungen Geomagic und DC3D zur Anwendung.

- **Formanalyse, Schwerpunkt CUP-Bereich**

Zunächst wird der Brustumfang (BU) in der horizontalen bzw. der transversalen Ebene definiert. Nach der europäischen Norm EN 13402-1:2001 ist „der Brustumfang (bei weiblichen Personen) der größte Umfang, gemessen während der normalen Atmung, wobei die Person aufrecht steht und das Maßband unter den Achselhöhlen und über den am weitesten vorstehenden Teil der Brust geführt wird" [EN13402 01]. Die interaktive Vermessung erfolgt über die Brustpunkte. Da die virtuelle Figurine teilweise keine deutliche Position der Brustpunkte aufweist, ergeben sich Schwierigkeiten bei der Festlegung des Brustumfanges. Deswegen wird die Seitenansicht genutzt, um die am weitesten vorstehenden Punkte an der linken und rechten Brust rechnergestützt als Extrempunkte zu definieren (s. Abb. 7-1). Aufgrund der Tatsache, dass die Menschen fast nie seitensymmetrisch sind, müssen diese Punkte nicht in einer Ebene liegen. Da die industrielle Konfektion jedoch von einem seitensymmetrischen Körper ausgeht, erfolgt die entsprechende Korrektur.

Weitere Probleme entstanden bei der Festlegung des Brustansatzes seitlich, da die virtuellen Figurinen keine leicht erkennbare Position des Brustansatzes (besonders bei kleineren CUPs) aufweisen. Somit wird die Position des seitlichen Brustansatzes anhand der Tangenten entsprechend Abbildung 7-1, links bestimmt.

Die definierten Punkte dienen als Basis für die Festlegung der weiteren Schnittebenen. Die Figurine wird in Form sagittaler Ebenen am linken und rechten Brustpunkt sowie in der Mitte des Formkörpers geschnitten. Die daraus resultierenden Schnittkurven ermöglichen die Bestimmung der Position des Unterbrustumfanges und des Oberbrustumfanges mittels der Schnittpunkte der Tangenten (Abb.7-1, rechts).

Die Europäische Norm EN 13402-1:2001 definiert den Unterbrustumfang (uBU) als horizontalen Umfang des Körpers, gemessen direkt unterhalb der Brust. Bei dem Oberbrustumfang (oBU) handelt es sich um den horizontalen Körperumfang oberhalb der Brust, der durch den Brustansatz oben in vertikaler Richtung bestimmt wird.

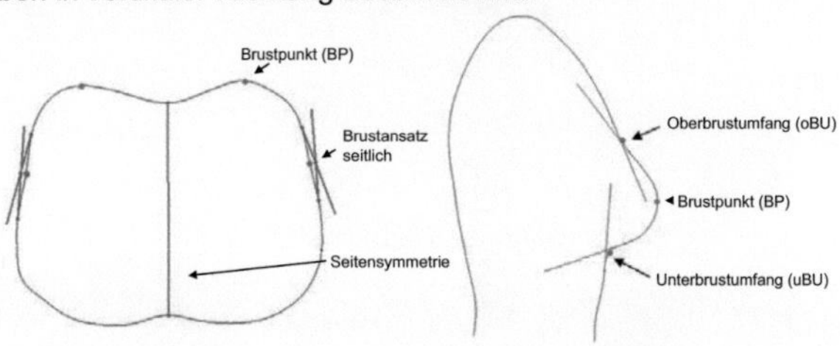

Abbildung 7-1: Auswahl relevanter Messpositionen für den CUP-Bereich

Die bisher ermittelten Parameter sind jedoch noch nicht ausreichend, um die Form der weiblichen Brust über das gewünschte Größenspektrum hinreichend zu beschreiben. Deswegen werden weitere Umfangsparameter und senkrechte Schnittkurven ergänzt. Die Formkörper werden dazu mittels transversalen, sagittalen und koronalen Ebenen (vgl. Kap. 2) geschnitten. Die sich ergebenden Schnittpunkte bilden die Grundlage für die Formanalyse und Formgenerierung für den CUP-Bereich anhand der x, y, z-Koordinaten der Schnittpunkte.

Letztendlich ergeben sich für die genaue und reproduzierbare Darstellung der Brustform fünf Parameter in der Transversalebene, sieben Parameter in der Sagittalebene und ein Parameter in der Koronalebene. Die Tabelle 7-1 gibt einen Überblick über die Messebenen und deren Position für den CUP-Bereich.

Tabelle 7-1: Bezeichnung und Positionierung der Messebenen zur Formanalyse

Richtung	Bezeichnung, Abkürzung	Position
transversal	Unterbrustumfang *uBU*	horizontaler Umfang des Körpers, gemessen direkt unterhalb der Brust
transversal	Unterbrustumfang/Brustumfang *uBU/BU*	liegt bei 1/3 des vertikalen Abstandes zwischen dem Unterbrustumfang und dem Brustumfang
transversal	Brustumfang *BU*	horizontaler Umfang des Körpers, gemessen direkt über den Brustpunkten
transversal	Brustumfang/Oberbrustumfang *BU/oBU*	vertikaler Abstand zwischen Brustumfang und Oberbrustumfang halbiert
transversal	Oberbrustumfang *oBU*	horizontaler Körperumfang oberhalb der Brust, der durch den Brustansatz oben in vertikaler Richtung bestimmt wird

Richtung	Bezeichnung, Abkürzung	Position
sagittal	Brustpunkt (linke und rechte Körperhälfte) *BP*	Formkörper wird im Bereich des Brustpunktes vertikal geschnitten
sagittal	Mitte/Brustpunkt (linke und rechte Körperhälfte) *Mitte/BP*	der jeweilige vertikale Abstand zwischen der Mitte des Formkörpers und dem Brustpunkt links bzw. rechts halbiert
sagittal	Brustpunkt/Brustansatz seitlich (linke und rechte Körperhälfte) *BP/Brustansatz seitlich*	von den Brustpunkten links/rechts wird zur Seite der gleiche Betrag abgetragen wie zwischen der Mitte und den Brustpunkten links/rechts
koronal	Brustansatz (linke und rechte Körperhälfte)	Formkörper wird in der Frontalebene durch die Punkte, die den Brustansatz seitlich links und rechts definieren, geschnitten

Die Abbildung 7-2 zeigt alle Schnittebenen für die Analyse des CUP-Bereiches.

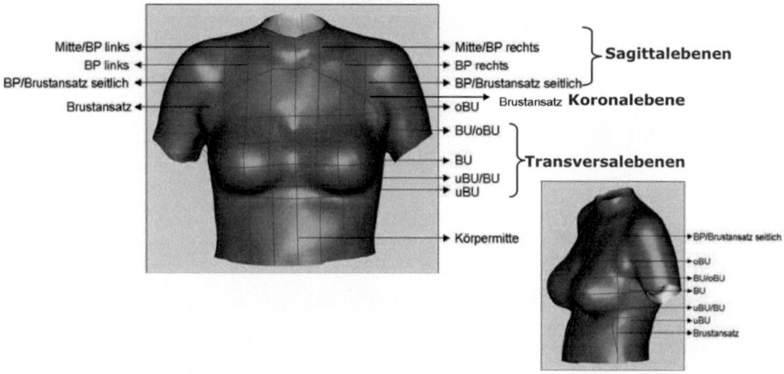

Abbildung 7-2: Beispielfigurine mit allen Schnittkurven für die CUP-Analyse, frontale und seitliche Ansicht

- **Formanalyse des oberen Rumpfbereiches**

Die Schnittkonturen der CUP-Analyse werden gleichermaßen zur Beschreibung des Rücken- und Schulterbereiches des oberen Rumpfbereiches genutzt. Zur weiteren Beschreibung des Körpers werden Zusatzebenen hinzugefügt.

Im Schulterbereich definiert die Europäische Norm EN 13402 [EN13402 01] nur den Abstand zwischen dem seitlichem Halsansatz und der Armkugel. Bei dem Aufbau der virtuellen Formkörper wird vom Querschnitt im Schulterbereich ausgegangen. Es wird eine Transversalebene festgelegt, die durch die Schnittpunkte der linken bzw. rechten Armkugel mit der Schulterlinie definiert wird.

Nach der europäischen Norm EN 13402 ist der Halsumfang der Umfang des Halses gemessen 2 cm unter dem Adamsapfel und auf Höhe des siebten Halswirbels. Eine weitere Definition des Halsansatzumfanges ist der Umfang des Halsansatzes am Übergang Hals-Rumpf [KIR 01]. Die interaktive Festlegung des siebenten Halswirbels aus den Scan-Daten ist häufig schwierig, so dass die Hals-Ebene im Wendepunkt der koronalen Schnittkurve vom Hals zum Rumpf definiert wird.

Die Tabelle 7-2 gibt einen Überblick über die Ebenen für die Beschreibung des oberen Rumpfbereiches.

Tabelle 7-2: Bezeichnung und Positionierung der Messebenen zur Formanalyse

Richtung	Bezeichnung, Abkürzung	Position
transversal	Hals	horizontale Schnittebene definiert in der Höhe des Überganges vom Hals zum Rumpf
transversal	Oberbrustanfang 5cm/Schulter, *oBU 5cm/Schulter*	horizontale Ebene in der Höhe des halben vertikalen Abstandes zwischen der oBU 5cm-Ebene und der Schulter-Ebene
transversal	Schulter	horizontale Schnittebene, die über die Schnittpunkte der linken und rechten Armkugel mit der Schulterlinie definiert wird
transversal	Oberbrustumfang 5 cm *oBU 5 cm*	Oberbrustumfang - dient als Basis für die Festlegung der Schnittebene 5 cm oberhalb
transversal	Unterbrustumfang 5 cm *uBU 5 cm*	Unterbrustumfang - dient als Basis für die Festlegung der Schnittebene 5 cm unterhalb
sagittal	Schulterknochen/Achsel (linke und rechte Körperhälfte)	vertikale Ebene zwischen Schulterknochen und Achsel
koronal	Seite (linke und rechte Körperhälfte)	Frontalebene durch die Punkte, die den Körper seitlich links und rechts definieren
koronal	Seite/Brustansatz (linke und rechte Körperhälfte)	jeweilige horizontale Abstände zwischen der Seite des Körpers und dem Brustansatz links und rechts halbiert
koronal	Seite/Schulterblatt (linke und rechte Körperhälfte)	jeweilige horizontale Abstände zwischen der Seite des Körpers und dem Schulterblatt (BP/Brustansatz in Frontansicht) links und rechts halbiert

Die Abbildung 7-3 stellt alle Schnittebenen für die Analyse dar. Blau markiert sind die zusätzlichen Schnittebenen für die Beschreibung des oberen Rumpfbereiches.

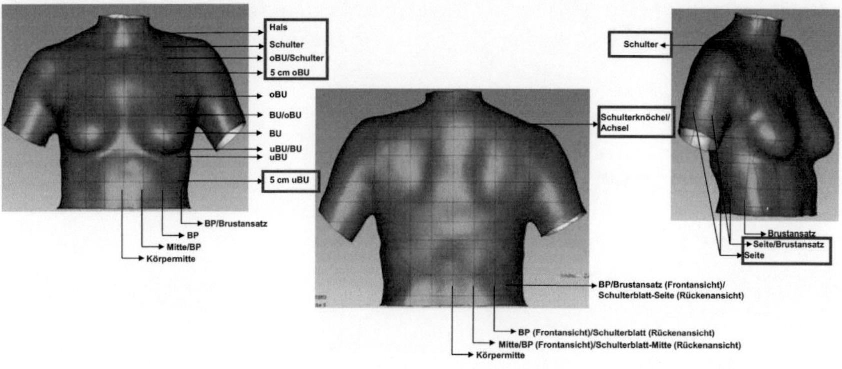

Abbildung 7-3: Auswahl relevanter Schnittlinien für den oberen Rumpfbereich; Front-, Rücken- und seitliche Ansicht

7.1.2 Vermessung der Schnittkonturen

Nach Festlegung der transversalen, sagittalen und koronalen Ebenen wird eine genaue Beschreibung des weiblichen Körpers durch die interaktive Ermittlung der Schnittpunktkoordinaten auf der Oberfläche möglich. Diese bilden die Grundlage für die weitere Skalierung. Als Ursprungspunkt für die Bestimmung der Koordinaten wird der Schnittpunkt der uBU-Ebene mit der Ebene durch die Körpermitte auf der vorderen Hälfte der Körperoberfläche definiert. In der Regel sind die zu vermessenden Schnittkonturen nicht ausgerichtet. Ein Grund für die asymmetrische Lage der Schnittkurve ist eine leicht verdrehte Position des Probanden während des Scannens. Für die einheitliche Vermessung der horizontalen Schnittkonturen ist ein Ausrichten bezüglich der Symmetrielinie erforderlich.

Künftig soll die Bestimmung der Schnittpunktkoordinaten über Skripte erfolgen, mit deren Hilfe die ermittelten Punktkoordinaten in eine Excel-Datei geschrieben werden.

- **Vermessung des CUP-Bereiches**

Die Schnittpunkte der Schnittkonturen sind für die umfassende Analyse und zur CUP-Interpolation erforderlich (Abb. 7-4). Die Sprungwerte[1] der Schnittpunkte in drei Körperachsen dienen als Grundlage für die Skalierung des Brustbereiches.

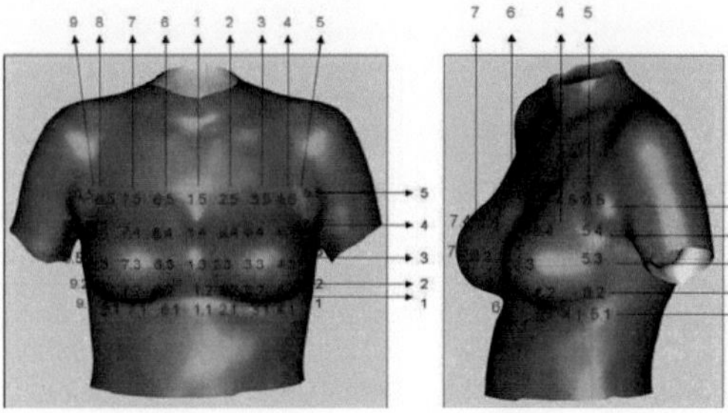

Abbildung 7-4: Figurine mit definierten Schnittpunkten zur CUP-Darstellung

Die Abbildung 7-5 stellt die Vermessung am Beispiel der horizontalen Schnittkontur (BU-Ebene) und der vertikalen Schnittkontur (BP-Ebene) dar. Um die Daten für den Brustansatz genau definieren zu können, werden die Formkörper auch in der koronalen Ebene vermessen.

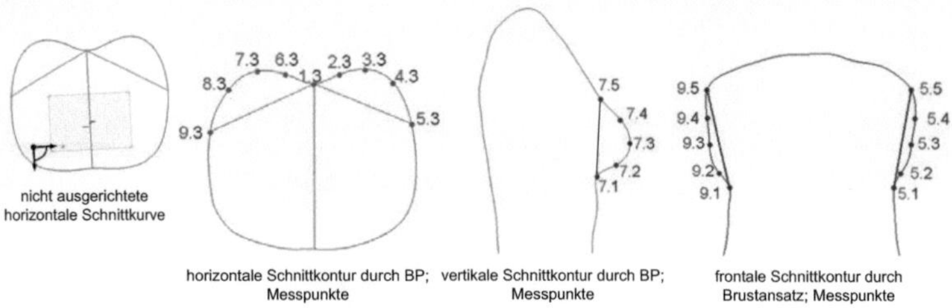

Abbildung 7-5: Links: Vermessung der horizontalen Schnittkontur (Brustumfang-Ebene); Mitte: Vertikale Schnittkontur (Brustpunkt-Ebene), Rechts: Vermessung der koronalen Schnittkontur (Brustansatz-Ebene)

[1] Sprungwert – Maßdifferenz von Größe zu Größe [SCHI 93], hier als jeweilige Änderung in x, y, z-Richtung

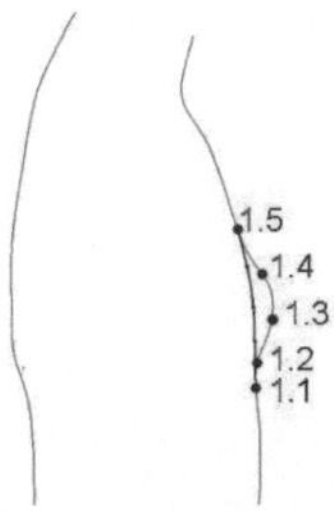

Wie bereits erwähnt trugen die Probandinnen während des Scanprozesses einen speziell für die Messung ausgesuchten, in der Größe passenden, Büstenhalter. Dieser beeinträchtigte die Brustform und somit die Verteilung des Brustvolumens kaum. Problematisch war aber die Erkennung der Körperoberfläche in der Mitte zwischen den Brüsten. Der mittlere Teil des Büstenhalters berührt den Körper nicht. Der Abstand nimmt meistens mit der CUP-Größe der Probandin zu. Die vertikale Schnittebene durch die Körpermitte wird deshalb entsprechend Abbildung 7-6 korrigiert und die Schnittpunkte werden neu vermessen.

Abbildung 7-6: Zusätzliche Vermessung in der vertikalen Schnittebene

- **Vermessung von Schnittkonturen für den oberen Rumpfbereich**

Die durch Vermessung der Schnittkonturen erhaltenen Datensätze dienen als Grundlage für die Skalierung des oberen Rumpfbereiches (siehe Abb. 7-7). Für die Datenauswertung werden sie auf Basis der Größenzuordnung der vermessenen Probandinnen in Exceltabellen (Anlage 4) hinterlegt.

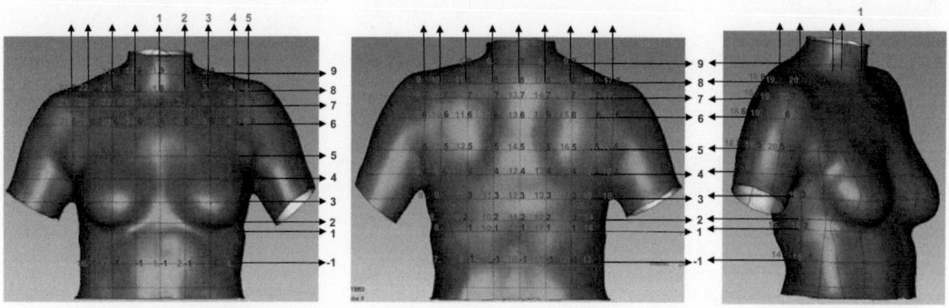

Abbildung 7-7: Schnittpunkte zur Beschreibung des oberen Rumpfbereiches in der Front-, Rücken- und seitlichen Ansicht

Das Rückenprofil wird durch den Verschluss des Büstenhalters beeinflusst. Die Korrektur erfolgt analog zur bereits beschriebenen Arbeitsweise für den vorderen Bereich.

7.1.3 Systematisierung der Datensätze und Datenauswertung

Das Ziel der Datenauswertung besteht in der Systematisierung des Größen- und Formverlaufes.

Die durch Vermessung der Schnittkonturen erhaltenen Datensätze dienen als Grundlage für die dreidimensionale Skalierung. Aufgrund der Vielfalt individueller Körperausprägungen weisen die Messwerte große Streuungen auf (vgl. Kap. 5). Somit war eine intensive Analyse der Messdaten erforderlich. Um einen repräsentativen Mittelwert der Messwerte zu bestimmen, wurde vorerst versucht, extreme Abweichungen auszuschließen. Die Abweichungen, auch Ausreißer genannt, sind extrem hohe oder niedrige Werte innerhalb einer Reihe mäßig unterschiedlicher Werte. Um die Ausreißer zu ermitteln, wird der Ausreißer-Test nach GRUBBS [DIN53804 81] benutzt. Dabei wird zuerst die Differenz zwischen den jeweiligen

Messdaten und dem Mittelwert ermittelt (d), danach erfolgt die Errechnung der Prüfgröße (PG) als Absolutwert, anschließend erfolgt der PG-Vergleich mit dem Wert r_m nach der GRUBBS-Tabelle (Abb. 7-8, unten). Abschließend wird der Mittelwert aller der Größe zugeordneten Messwerte ermittelt, die weiterhin als Sprungwerte dienen. In der Abbildung 7-8 ist der Arbeitsschritt zur Erhebung der Messdaten und Bestimmung der Abweichungen als ein Fragment der Tabelle dargestellt. Mit grauer Farbe sind die Daten gekennzeichnet, die nicht berücksichtigt werden.

	MP 6.2		MP 7.2		MP 8.2	
Datensatz	DX [mm]	DY [mm]	DX [mm]	DY [mm]	DX [mm]	DY [mm]
75B_0142	41,97	1,20	85,31	16,09	124,69	-18,49
75B_1017	39,05	1,76	73,09	9,66	108,97	-13,57
75B_0508	41,06	0,05	81,18	13,10	120,62	-47,66
75B_0749	38,95	-3,33	78,05	3,22	116,80	-17,04
75B_1187	41,10	2,98	81,97	14,06	120,61	-11,37

n	x	d	PG	
1	1,20	0,668	0,278	
2	1,76	1,228	0,511	
3	0,05	-0,482	0,201	
4	-3,33	-3,862	1,607	1,607>1,602
5	2,98	2,448	1,019	
Mittelwert	0,53			
Standardabw.	2,403			
r_m (90%,5)	1,602			

PG-Prüfgröße PG=abs(d_{max}/s)
r_m-Wert nach Grubbs
ein Ausreißer PG ≥ r_m
kein Ausreißer PG < r_m

Abbildung 7-8: Fragment der Messdaten des CUP-Bereiches (oben), Beispiel der Bestimmung der Ausreißer (unten)

- **Schwerpunkt CUP-Bereich**

Die Abbildung 7-9 zeigt die Vielfalt der Ausprägungen in CUP-Bereich innerhalb einer Größe (Beispiel uBU 75, CUP B).

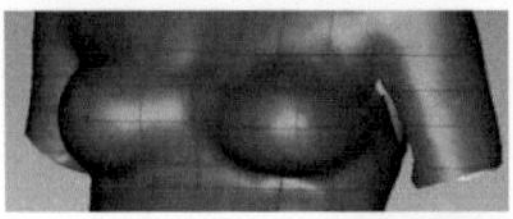
75 B (0142)

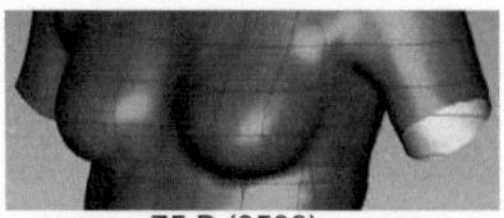
75 B (0508)

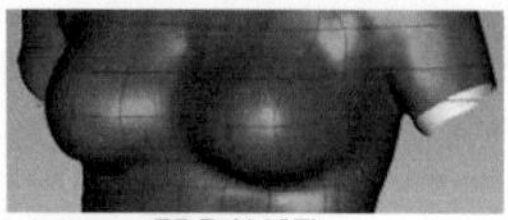
75 B (1187)

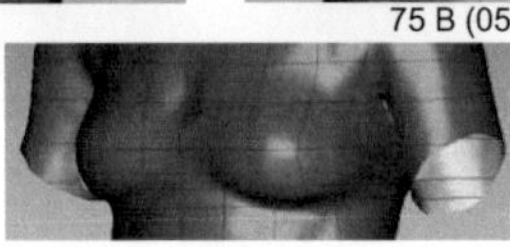
75 B (0749)

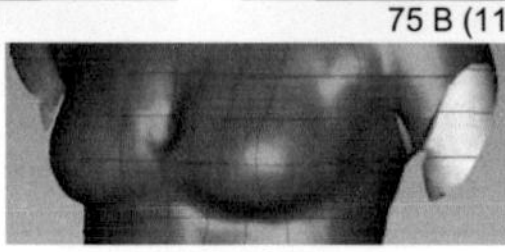
75 B (1017)

Abbildung 7-9: CUP-Ausprägungen

Wie bereits erläutert, kann das Brustvolumen sehr unterschiedlich verteilt sein.

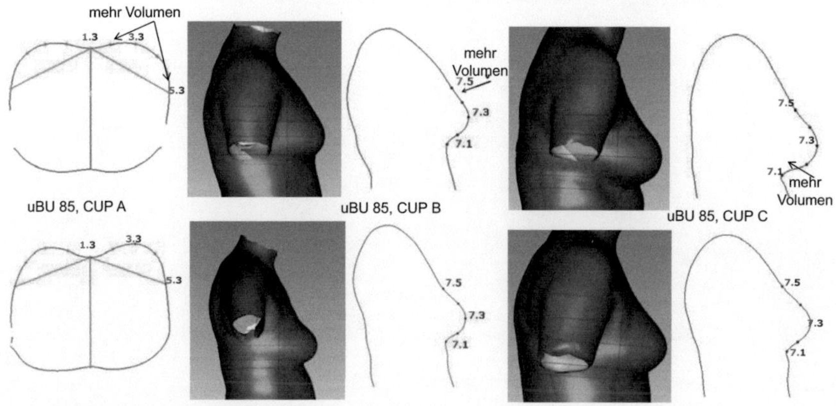

Abbildung 7-10: Verteilung des Brustvolumens

Die Körperabmessungen der einzelnen Größen werden aus den Mittelwerten aller dieser Größe zuzuordnenden Messwerte bestimmt und entsprechen den Abmessungen eines weiblichen Durchschnittskörpers. Um den Größen- und Formverlauf der einzelnen Querschnitte des Durchschnittskörpers schon im Vorfeld beurteilen zu können, werden diese grafisch dargestellt (Abb. 7-11).

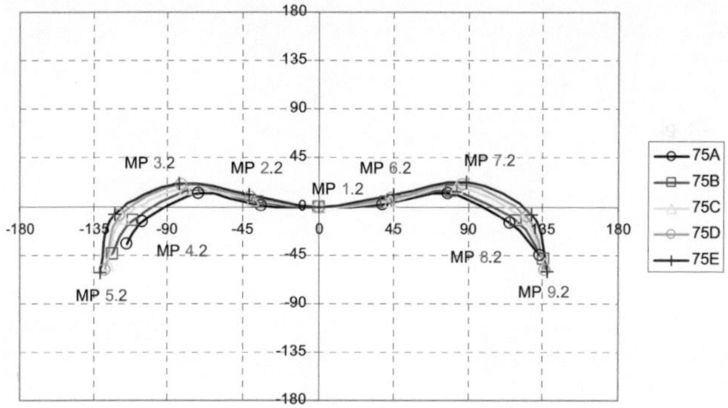

Abbildung 7-11: Formanalyse, transversale Ebene Unterbrustumfang/Brustumfang (uBU/BU)

- **Schwerpunkt oberen Rumpfbereich**

Weiterhin zeigt sich, dass nicht nur der CUP-Bereich, sondern auch der Rückenbereich sehr unterschiedlich ausfallen kann. Somit ist es wichtig, eine repräsentative Kontur im Rückenbereich zu ermitteln. Die Abbildung 7-12 stellt unterschiedliche Körperausprägungen im Rückenbereich dar. Anhand der berechneten Mittelwerte der Schnittpunkte können B-Splines berechnet und grafisch dargestellt werden.

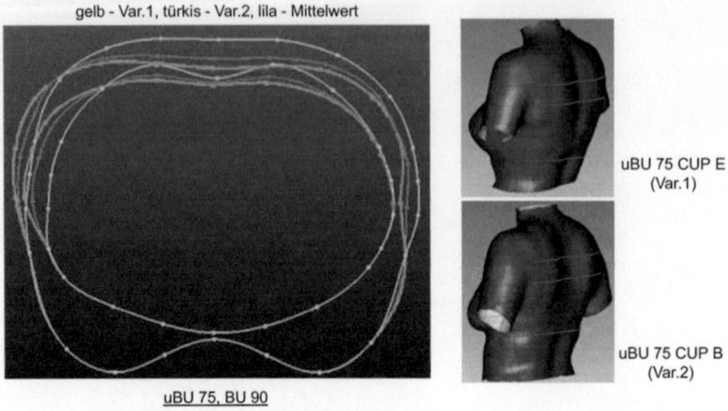

Abbildung 7-12: Unterschiedliche Körperausprägungen im Rückenprofil, BU-, uBU-Ebene

Die Skalierungspunkte für den oberen Rumpfbereich und den separaten CUP-Bereich sind in der Abbildung 7-13 dargestellt und in der Form systematisierter Datensätze in Excel®-Tabellen nach Größenzuordnung, CUP-Größen und Schnittebenen hinterlegt.

	Taillie	
X	Y	Z
109,90	132,33	-89,00
120,98	116,16	-89,00
130,58	95,89	-89,00
135,52	58,99	-89,00
120,85	26,76	-89,00
80,82	6,61	-89,00
40,95	-10,61	-89,00
-0,03	-11,62	-89,00
-42,12	-8,10	-89,00
-83,89	9,24	-89,00
-126,17	44,94	-89,00
-134,58	63,76	-89,00
-134,27	100,76	-89,00
-126,16	123,08	-89,00
-118,93	136,49	-89,00
-84,05	162,80	-89,00
-41,83	164,35	-89,00
0,01	159,97	-89,00
41,15	164,06	-89,00

		uBU	
	X	Y	Z
	137,80	114,34	0,00
	135,73	88,80	0,00
CUP - Bereich	122,59	47,81	0,00
CUP - Bereich	82,91	17,06	0,00
CUP - Bereich	41,86	3,45	0,00
CUP - Bereich	41,86	3,45	0,00
CUP - Bereich	0,00	0,00	0,00
CUP - Bereich	-38,49	4,45	0,00
CUP - Bereich	-38,49	4,45	0,00
CUP - Bereich	-76,45	14,91	0,00
CUP - Bereich	-112,66	41,13	0,00
	-129,06	72,90	0,00
	-130,94	98,34	0,00
	-118,90	139,58	0,00
	-87,39	168,81	0,00
	-53,25	179,52	0,00
	-17,58	184,70	0,00
	24,30	188,09	0,00

Abbildung 7-13: Oberen Rumpfbereich mit Skalierungspunkten

Um einen seitensymmetrischen Körperbau zu erreichen, ist es notwendig, die beiden Körperseiten anzugleichen bzw. nur eine Körperhälfte zu verwenden. Die Anzahl der Messpunkte halbiert sich damit. In der Tabelle 7-3 ist die Anzahl der Skalierungspunkte in der jeweiligen Ebene für den gesamten oberen Rumpfbereich mit dem CUP-Bereich aufgelistet.

Tabelle 7-3: Skalierungspunkte für den oberen Rumpfbereich

Bezeichnung der Ebene	**Anzahl der Skalierungspunkte**
Hals	7 Skalierungspunkte
oBU 5 cm/Schulter	13 Skalierungspunkte
Schulter	13 Skalierungspunkte
oBU 5 cm	13 Skalierungspunkte
oBU	14 Skalierungspunkte

Bezeichnung der Ebene	Anzahl der Skalierungspunkte
BU/oBU	12 Skalierungspunkte
BU	12 Skalierungspunkte
uBU/BU	11 Skalierungspunkte
uBU	11 Skalierungspunkte
uBU 5 cm	10 Skalierungspunkte

7.2 Formanalyse des unteren Rumpfbereiches

In einem weiteren Arbeitsschritt werden die Datensätze zur Beschreibung des Körpers zwischen den Schnittebenen 5 cm unterhalb des Unterbrustumfanges und dem Schrittbereich analysiert.

7.2.1 Festlegung der Schnittebenen für die Formanalyse des unteren Rumpfes

Nach der europäischen Norm EN 13402 [EN13402 01] wird der Taillenumfang an der natürlichen Taillenlinie zwischen der Spitze der Hüftknochen und den unteren Rippen gemessen, wenn die Person normal atmet und mit entspanntem Bauch aufrecht steht. Eine weitere Definition des Taillenumfanges ist der horizontalen Umfang des Rumpfes in der Taillenhöhe, wobei die Taillenhöhe durch den Tangentenschnittpunkt im Seitenprofil der Wirbelsäule bestimmt wird [KIR 01].

Die nächste horizontale Ebene definiert den Hüftumfang. Nach der europäischen Norm EN 13402 ist der Hüftumfang der horizontale Umfang, gemessen rund um das Gesäß in der Höhe des größten Umfangs. Diese beiden Ebenen bilden die Basis für die Festlegung weiterer transversaler, sagittaler und koronalen Schnittebenen.

Tabelle 7-4: Bezeichnung und Positionierung der Messebenen zur Formanalyse

Richtung	Bezeichnung, Abkürzung	Position
transversal	$\frac{1}{2}$ Unterbrustumfang/ Taillenumfang, $\frac{1}{2}$ *uBU/TU*	vertikaler Abstand zwischen Unterbrustumfang und Taillenumfang, der halbiert wird
transversal	Taillenumfang, *TU*	horizontaler Umfang des Rumpfes in der Taillenhöhe
transversal	tiefster Punkt	horizontale Ebene, die durch den tiefsten Punkt im Rückenprofil (aus der Seitenansicht) ermittelt wird
transversal	Nabel	horizontale Ebene durch das Zentrum des Bauchnabels
transversal	Bauch/Hüftknöchel	Ebene beschreibt die Bauchform und liegt über dem Hüftknöchel (oft auch als Umfang 8 cm unterhalb der Taille definiert)
transversal	$\frac{1}{3}$ Bauch/Hüftumfang, $\frac{1}{3}$ *Bauch/HU*	horizontale Ebene bei einem Drittel des vertikalen Abstandes zwischen der Bauch/Hüftknöchel-Ebene und der HU-Ebene
transversal	Hüftumfang, *HU*	horizontaler Umfang, gemessen rund um das Gesäß in der Höhe des größten Umfangs
transversal	Schritt	horizontale Schritt-Ebene bildet die Begrenzung des Rumpfes und geht durch den Crotch-Punkt (vgl. Kap. 2)

Richtung	Bezeichnung, Abkürzung	Position
transversal	½ Hüftumfang/Schritt *½ HU/Schritt*	vertikaler Abstand zwischen der Hüft-Ebene und Schritt-Ebene wird halbiert
transversal	Schritt 1,5 cm	Ebene liegt 1,5 cm unterhalb der unteren Rumpfbegrenzung (Schritt-Ebene)
sagittal	Körpermitte	vertikale seitensymmetrische Ebene verläuft über das Zentrum des Bauchnabels, mittig durch den Schrittbereich und entlang der Wirbelsäule
sagittal	Bauchansatz bzw. Gesäßwölbung	vertikale Ebene, die durch den seitlichen Bauchansatz in der Frontansicht verläuft und in der Rückenansicht die Gesäßwölbung beschreibt
sagittal	Körpermitte/Bauchansatz bzw. Gesäßwölbung/Körpermitte	horizontaler Abstand zwischen Körpermitte und Bauchansatz (Frontansicht) bzw. Gesäßwölbung (Rückenansicht) wird halbiert
koronal	Seite (linke und rechte Körperhälfte)	Körper wird in der Frontalebene durch die Punkte, die den Körper seitlich rechts und links definieren, geschnitten.
koronal	Seite/Gesäßwölbung (linke und rechte Körperhälfte)	horizontale Abstände zwischen der Seite des Körpers und der Gesäßwölbung rechts und links werden halbiert und frontal geschnitten
koronal	Seite/Bauchansatz (linke und rechte Körperhälfte)	horizontale Abstände zwischen der Seite des Körpers und des Bauchansatzes rechts und links werden halbiert und frontal geschnitten

Die Abbildung 7-14 stellt alle Schnittebenen für die Analyse des unteren Rumpfbereiches dar.

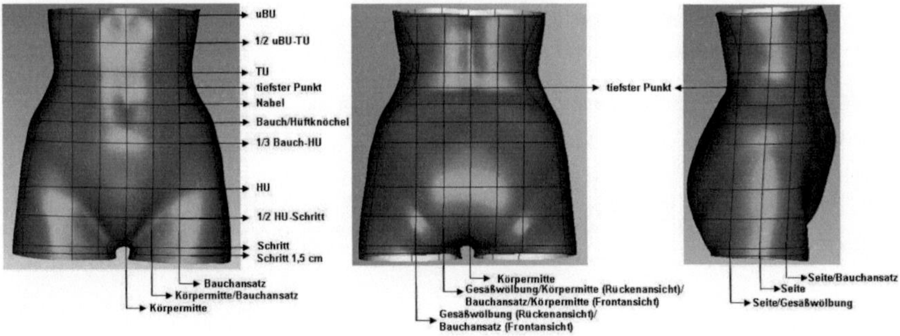

Abbildung 7-14: Auswahl relevanter Messlinien, Körper ab Unterbrustumfang mit definierten Schnittebenen in Front-, Rücken- und Seitenansicht

7.2.2 Vermessung der Schnittkonturen

Die Schnittpunkte der Schnittkonturen sind für die umfassende Analyse zur Körperinterpolation erforderlich. Die Sprungwerte der Schnittpunkte in drei Körperachsen dienen als Grundlage für die Skalierung. Die Abbildung 7-15 zeigt den Körper mit definierten Schnittkonturen und Schnittpunkten.

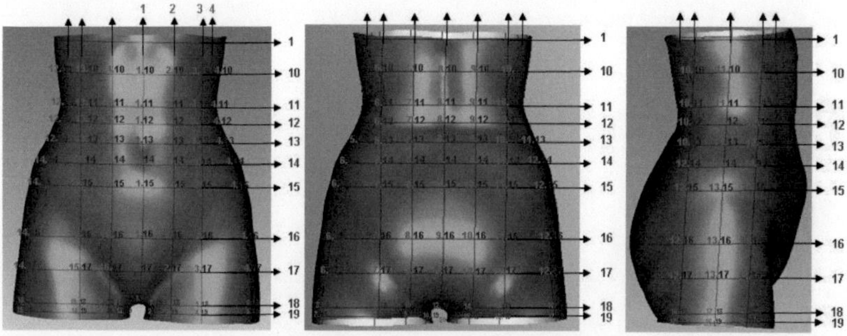

Abbildung 7-15: Körper ab uBU mit definierten Schnittpunkten in Front-, Rücken- und Seitenansicht

Für alle Schnittpunkte werden die x-, y-, z-Koordinaten ermittelt und des Weiteren zur Skalierung verwendet.

Die Schritt-Ebene und die Ebene 1,5 cm unterhalb des Schrittes haben aufgrund der komplexen Form wesentlich mehr Schnittpunkte. Für die bessere Beschreibung des Schrittbereiches werden zusätzliche vertikale Ebenen angelegt (z. B. Schnittpunkt 2.19, bzw. 3.18). Somit ist es notwendig, die Bezeichnung der Schnittpunkte im Vergleich mit den anderen Ebenen zu verschieben (Abbildung 7-16).

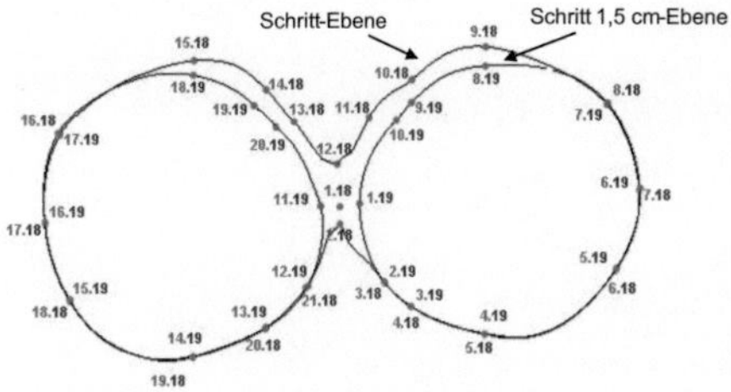

Abbildung 7-16: Schritt-Ebene und Schritt 1,5 cm mit allen Schnittpunkten.

7.2.3 Systematisierung der Datensätze und Datenauswertung

Aufgrund der Vielfalt individueller Körperausprägungen liegen bei den Messwerten in den einzelnen Bereichen große Streuungen vor. Am Beispiel eines Datensatzes (Abb. 7-18) ist zu erkennen, dass bei den Ebenen Taillenumfang-, tiefster Punkt- und Nabel-Ebene der seitliche Bauchansatz zu tief in den Körper hinein geht. Diese Stelle muss bei den Datenauswertungen und der Ermittlung der Mittelwerte für die nachfolgende Skalierung berücksichtigt werden.

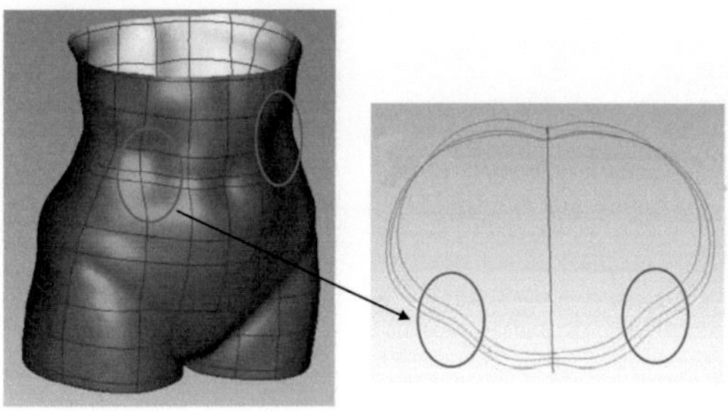

Abbildung 7-17: Berücksichtigung individueller Körperausprägungen

Ein anderes Beispiel, welches die aufgetretenen Schwierigkeiten bei der Datenauswertung zeigt, ist der Formverlauf der Bauchpartie bei uBU 70. Die meisten Datensätze weisen einen Formverlauf ähnlich Abbildung 7-19 a) und b) auf. Abbildung 7-19 c) zeigt jedoch einen davon abweichenden Formverlauf für die Bauchpartie. Dieser Bereich wird als nicht typisch bewertet und deshalb bei der Datenauswertung nicht berücksichtigt.

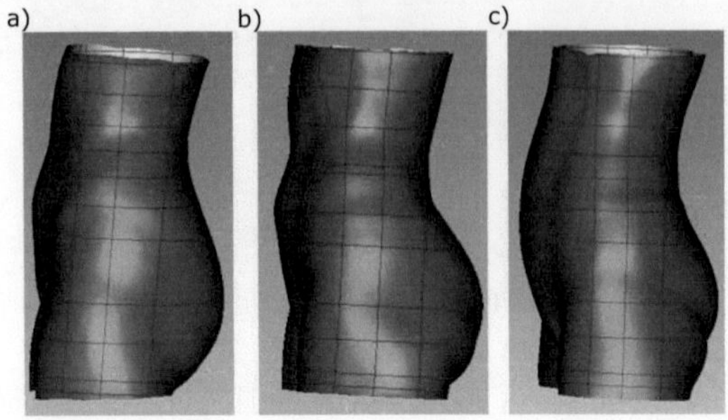

Abbildung 7-18: Berücksichtigung individueller Körperausprägungen - Bauchpartie

Die Anzahl von Skalierungspunkten auf den einzelnen Ebenen nach Herstellung der Seitensymmetrie ist in der Tabelle 7-5 aufgelistet.

Tabelle 7-5: Skalierungspunkte für den unteren Rumpfbereich

Bezeichnung der Ebene	**Anzahl der Skalierungspunkte**
½ uBU/TU	8 Skalierungspunkte
TU	8 Skalierungspunkte
tifster Punkt	8 Skalierungspunkte
Nabel	8 Skalierungspunkte
Bauch/Knöchel	9 Skalierungspunkte
⅓ Bauch/HU	9 Skalierungspunkte
HU	9 Skalierungspunkte
½ HU/Schritt	9 Skalierungspunkte
Schritt	12 Skalierungspunkte
Schritt 1,5 cm	10 Skalierungspunkte

Die Skalierungspunkte für den oberen Rumpfbereich, den separaten CUP-Bereich und den unteren Rumpfbereich werden zusammengefügt und in der Abbildung 7-20 gezeigt. Die systematisierten Datensätze sind in Exceltabellen nach Größenzuordnung, CUP-Größen und Schnittebenen hinterlegt.

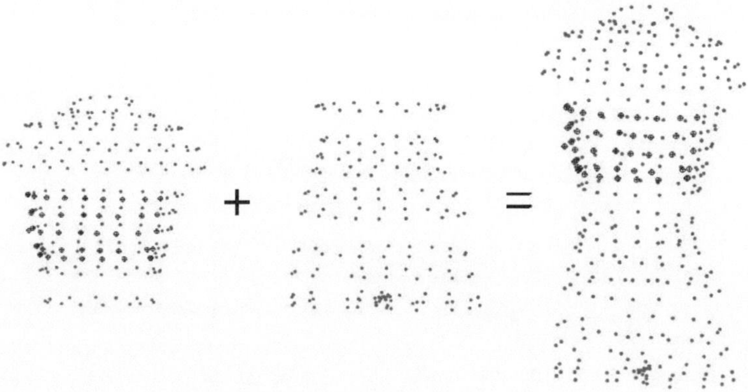

Abbildung 7-19: Zusammenfügen aller Skalierungspunkte

Zusammenfassung

Ziel der Arbeit ist es, einen virtuellen skalierbaren Formköper für den Rumpf zu schaffen. Dazu werden eine Vielzahl individuelle Scandaten systematisch analysiert. Die Messdaten zur Skalierung des oberen Rumpfbereiches mit gesonderter CUP-Skalierung und des unteren Rumpfbereiches ab dem Unterbrustumfang bis Schrittbereich werden definiert, gemittelt und anschließend zu einem Rumpf zusammengelegt. Anhand der Parameter ist eine anthropometrisch korrekte Skalierung zwischen den Unterbrustumfängen von 65 cm bis 95 cm mit dazugehöriger CUP-Skalierung von Cup A bis Cup E (Konfektionsgrößen von 34 bis 48) möglich.

8 Datenmittelung

8.1 Automatische Mittelung der Scandaten

Wie in Kap. 5, Kap. 7.1 und Kap. 7.2 bereits beschrieben, weisen die zu einer Körpergröße gehörenden Scans Unterschiede in der Körperform auf. Um einen anthropometrisch richtigen mittleren Formkörper erarbeiten zu können, der als parametrisches Konstruktionswerkzeug zur 3D-Produktentwicklung für körpernahe Bekleidung und Miederwaren benutzt werden kann, werden die Punktedaten in einem aufwändigen Prozess bestimmt.

Deshalb wird untersucht, ob die notwendigen Entwicklungsschritte bis hin zum parametrischen Formkörper effektiver gestaltet werden können. Ein Arbeitspunkt dabei ist die Mittelung der Scandaten, die einer Körpergröße bzw. CUP-Größe zuzuordnen sind.

Dazu wird das Tool zur Mittelung von Polygon-Datensätzen der Software Geomagic Studio [GEO 08] getestet. Zur Mittelung werden die in Tabelle 8-1 dargestellten Scans der Größe uBU 75, CUP B aus dem Datenpool der repräsentativen Formkörper ohne gesondertes Ranking herangezogen.

Tabelle 8-1: Scandaten für die automatische Mittelung

Nummerierung der Scandaten	Darstellung der Scandaten
Datensatz 1 (0142)	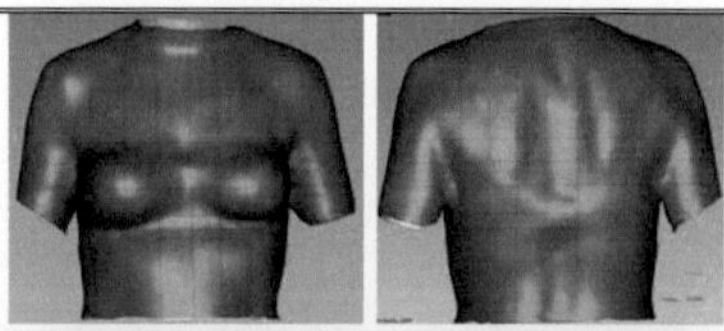
Datensatz 2 (0508)	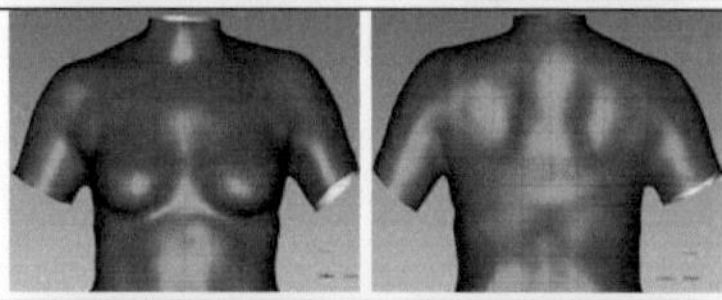
Datensatz 3 (0749)	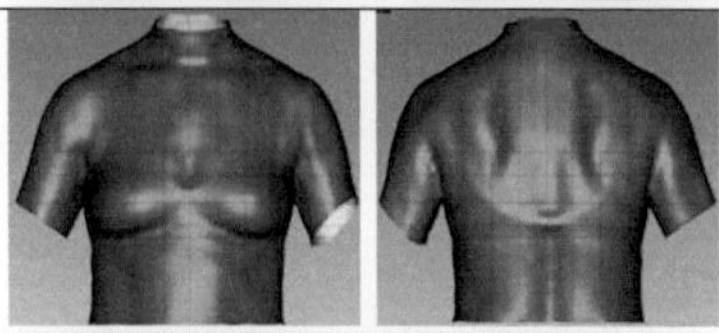
Datensatz 4 (1017)	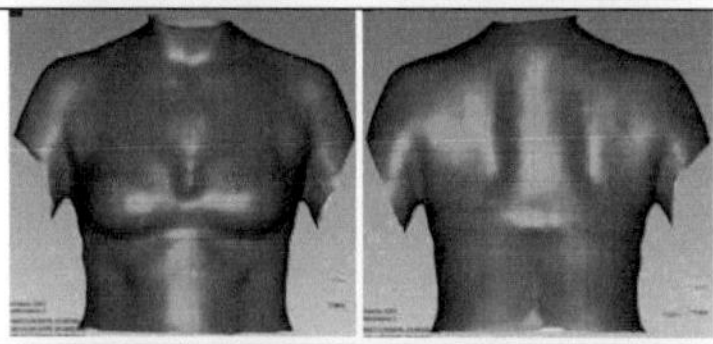
Datensatz 5 (1187)	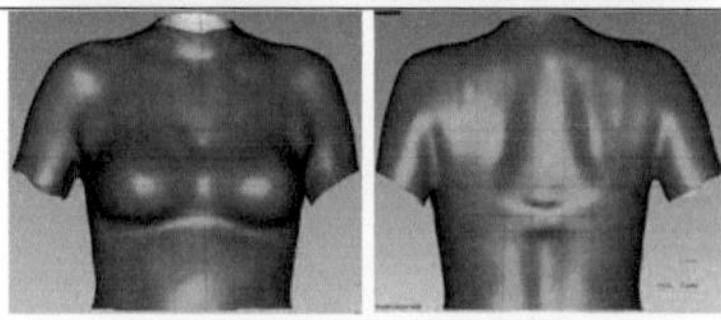

Vor der weiteren Verarbeitung werden diese Datensätze, zueinander in Bezug gebracht, auch als Registrierung bezeichnet.

Die Aufgabe der Registrierung ist es, die relative Position und Ausrichtung der einzelnen Scans zu finden. Die Scandaten werden dadurch in einen gemeinsamen Zusammenhang gebracht. Die Aufgabe wird dadurch erschwert, dass die Zusammenhänge zwischen den Punkten (im Untersuchungsfall den Punktewolken) zuerst nicht bekannt sind. Ein verbreiteter Lösungsansatz dafür ist der ICP-Algorithmus[1] [BES 92]. Nach diesem Algorithmus werden die Koordinatentransformationen für die Punktewolken bestimmt, so dass die Abstände zwischen den Punktewolken minimiert werden. Dazu wird für jeden Punkt aus der einen Punktewolke der jeweils nächste Punkt (Closest Point) aus der anderen Punktewolke bestimmt. Die Quadratensumme der Abstände wird durch Anpassung der Transformationsparameter minimiert. Dieser Vorgang geschieht iterativ so lange, bis das Optimum gefunden ist. Den ICP-Algorithmus kann für verschiedene Geometriearten von Objekten genutzt werden und zwar bei Punktemengen, Kurvenmengen, Dreiecken und Ebenen [BES 92], [GIE 04], [WER 06], [NEU 09]. Die Anwendung dieser Funktionen ist auch für anatomische Körper möglich.

Im medizinischen Bereich, z. B. Kieferchirurgie, sind einige Untersuchungen bekannt, bei denen der ICP-Algorithmus für die Registrierung mehrerer anatomischer Objekte genutzt wird. Die Patienten werden vor und nach einem kieferchirurgischen Eingriff mit einem Gesichtscanner erfasst. Das Erstellen mehrerer Aufnahmen davor und danach ist sinnvoll, weil das Aufnahmeverfahren eine relativ große Ungenauigkeit erzeugt. Für eine repräsentative Untersuchung werden die Vergleichsdatensätze zunächst registriert und anschließend vermessen [WER 06], [SCHÖ 09].

In bisherigen Forschungsarbeiten [KRZ 11] am ITM erfolgte bereits die Aufbereitung der virtuellen Formkörper aus der Mittelung der Polygonflächen. Das ausgewählte Probandenspektrum wurde zuerst einem strengen Ranking unterzogen (z. B. Beinstellung). Auf Grundlage dieser Analyse sind dann vier bis sechs Datensätze ausgewählt worden.

Im Rahmen dieser Arbeit wird die Berechnung der gemittelten Polygonstruktur aus Datensätzen der oberen Körperhälfte mit Hilfe der Software Geomagic Studio mit verschiedenen Strategien erprobt. Das **Ziel besteht darin, eine in der Handhabung einfache und schnelle Möglichkeit zur Erzeugung eines gemittelten Formkörpers für die jeweilige Größe zu finden.**

Test 1: Die 5 ausgewählten Scans (Tab. 8-1) werden in Geomagic Studio V.10 zuerst durch den Befehl globale Registrierung in ein gemeinsames Koordinatensystem importiert, zueinander ausgerichtet und anschließend gemittelt.

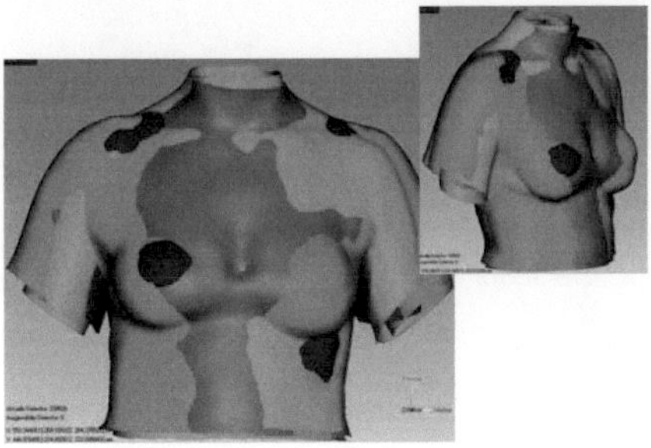

Abbildung 8-1: Globale Registrierung der Scandaten

[1] ICP-Algoritmus - Iterative Closest Point Algorithm

Die Software bietet die Möglichkeit, durch die Funktion Polygon-Objekte mitteln im Polygonmenü einen gemittelten Datensatz aus zwei oder mehreren aktiven Polygonobjekten zu erstellen. Wenn die Datensätze durch einen Grenzrand sich schneiden, verschmelzen sie [GEOH 08]. Die Referenz kann von der Software automatisch berechnet werden. In diesem Fall ist dies der Datensatz, der die geringste Standardabweichung zum neuen, gemittelten Datensatz aufweist. Es besteht auch die Möglichkeit, andere Datensätze als Referenz zu aktivieren, sowie durch Festlegung der maximalen Abweichung der Datensätze die einzubeziehenden Daten zu begrenzen. Die Voreinstellung beeinflusst das Ergebnis (Abb. 8-2).

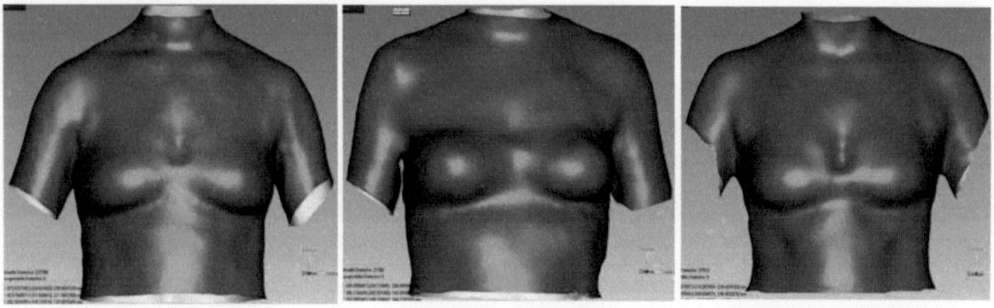

Abbildung 8-2: Gemittelter Formkörper aus 5 Scan-Datensätzen bei variierender Referenz

Das Ergebnis von Test 1 zeigt eine starke Abhängigkeit der 3D-Form von der gewählten Referenz. Das Ergebnis ist somit nicht zufriedenstellend. Ziel der Forschungsarbeit ist die Erarbeitung allgemeingültig anwendbarer Standardformkörper für die industrielle Konfektion.

Test 2: Die 5 Datensätze aus Tabelle 8-1 werden zuerst durch die Positionierung von Grundelementen und den Befehl manuelle Registrierung zueinander ausgerichtet und anschließend gemittelt. Die Positionierung von Grundelementen für die anschließende Registrierung wird für verschiedene Körperpunkte (z. B. linker, rechter Brustpunkt und vordere Körpermitte oder Rückenmitte) erprobt. Die Ergebnisse sind dem Test 1 sehr ähnlich.

Test 3: Die Software Geomagic Qualify bietet die Möglichkeit, die Datensätze nur paarweise zu registrieren. Der Datensatz 2 (s. Tab. 8-1) wird aufgrund einer erheblichen Abweichung der Körperform nicht weiter betrachtet.

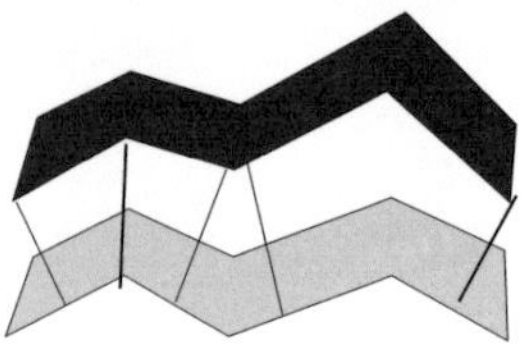

Bei der Ausrichtung der Datensätze nach bester Annäherung werden die Polygonflächen so übereinander gelegt, dass die Summe aller Vektorbeträge minimal wird. Der Vergleich basiert auf der Bestimmung des kürzesteten Abstandes, der auf jedem Dreieck der Referenzfläche steht (Abb. 8-3).

Abbildung 8-3: Abstandsmessung zwischen Test- und Referenz-Polygonfläche nach [GEOH 08]

Beim Test 3 ist eine starke Koppelung des Berechnungsergebnisses an die gewählte Referenzbasis immer dann augenscheinlich, wenn der Konturverlauf, z. B. bei Schnittkurven (s. Tab. 8-2), deutliche Unstetigkeiten aufweist. Dennoch ist das Endergebnis nach wiederholter paarweise Registrierung und Mittelung aller Datensätze besser. Dies belegen die Untersuchungen am Beispiel des Brustumfanges in Tabelle 8-2. Vergleichbare Erkenntnisse ergeben die Betrachtungen für den Schulterbereich und den Unterbrustbereich bzw. den Taillenbereich.

Tabelle 8-2: Ergebnisse des Tests 3 am Beispiel des Brustumfangsquerschnittes

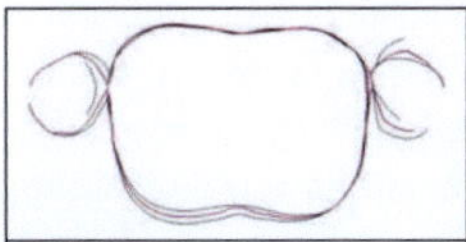	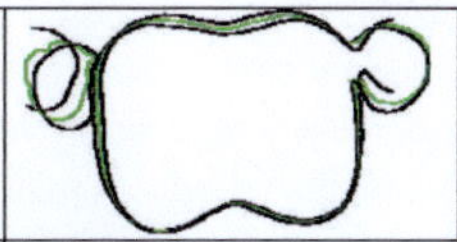	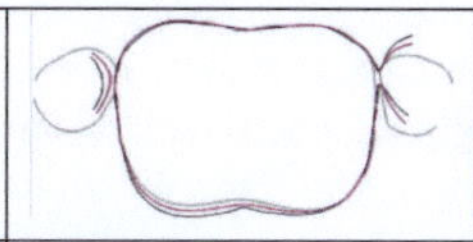	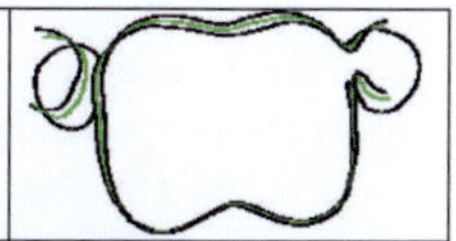
schwarz: Datensätze 3 und 4 *lila:* **mittlere Kontur:** Referenz: Datensatz 3	*schwarz:* Datensätze 1 und 5 *grün:* **mittlere Kontur:** Referenz: Datensatz 1	*schwarz:* Datensätze 3 und 4 *lila:* **mittlere Kontur:** Referenz: Datensatz 4	*schwarz:* Datensätze 1 und 5 *grün:* **mittlere Kontur:** Referenz: Datensatz 5
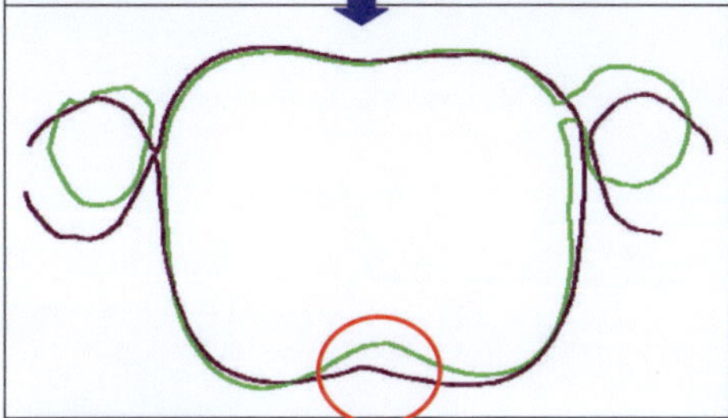		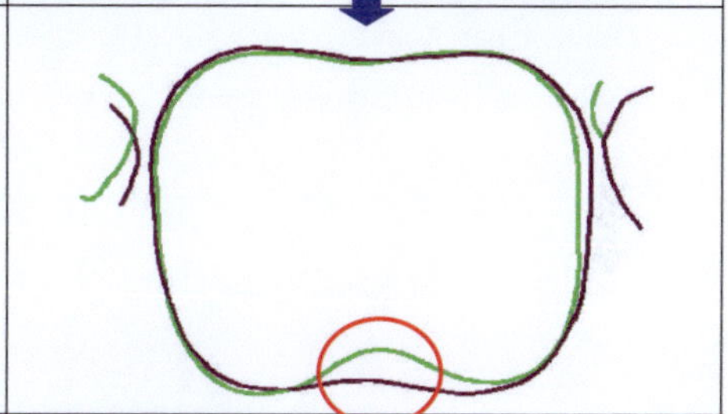	
mittlere Kontur *grün:* Datensatz 1 und 5 (Ref. 1) *lila:* Datensatz 3 und 4 (Ref. 3)		**mittlere Kontur** *grün:* Datensatz 1 und 5 (Ref. 5) *lila:* Datensatz 3 und 4 (Ref. 4)	
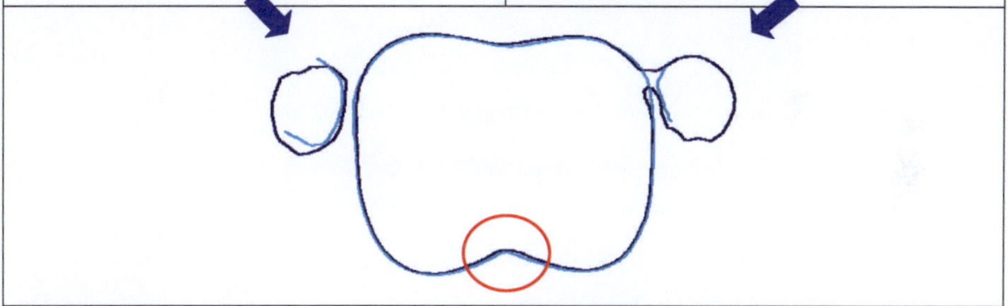			
mittlere Kontur *blau hell:* **(**Referenz: lila)		**mittlere Kontur** *blau:* **(**Referenz: grün)	

Zusammenfassung

Zusammenfassend lässt sich feststellen, dass die automatische paarweise Mittelung (s. Test 3) aufwendiger ist, aber zu einem besseren Ergebnis führt als die gleichzeitige Mittelung aller Datensätze (s. Test 1 und 2) auf Basis eines Referenzdatensatzes. Um aus den gemittelten Datensätzen einen parametrischen Formkörper zu generieren (vgl. Kap. 9), müssen aber dennoch Stützpunkte für die Spline-Konstruktion ermittelt, in Form von x, y, z-Koordinaten als Parameter hinterlegt und in Bezug zu dem jeweiligen Skalierungspunkt der Schnittebene gebracht werden (vgl. Kap. 7).

Die interaktive Arbeitsweise zur Mittelung der Körperpunkte ist zwar zeitintensiver beinhaltet aber eine kritische Betrachtung der Scandaten hinsichtlich der Körperhaltung, der Symmetrie und der Einflüsse durch die genutzte Wäsche. Positionskorrekturen zur Behebung offensichtlicher Fehler in der Oberflächendarstellung sind möglich. Durch die bereits in diesem Stadium zur Verfügung stehenden Punktedaten der Schnittkurven in vertikaler und horizontaler Richtung ist eine sehr gute Basis für eine anatomisch gerechte größenabhängige Skalierung gegeben. Der in Tabelle 8-3 dargestellte Vergleich zeigt die Ergebnisse für uBU 75 cm und CUP-Größe B. Die resultierenden Abweichungen beider Vorgehensweisen sind hier nicht sehr groß. Bei größeren Größen können sich jedoch aufgrund der inhomogenen Körperkontur deutlich größere Abweichungen ergeben. Der Vorteil der interaktiven Konturmittelung liegt in der gleichen Wichtung aller Daten, der Berücksichtigung der Symmetrie und der Möglichkeit, den Konturverlauf lokal zu korrigieren.

Tabelle 8-3: Vergleich der interaktiv und automatisch ermittelten Schnittkonturen (Brustumfang)

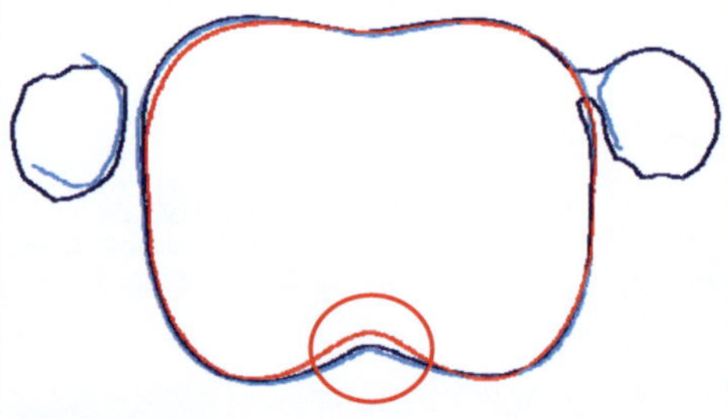
mittlere Kontur *blau hell:* (Referenz: lila) **und** *blau:* (Referenz: grün)
interaktiv berechnete mittlere Kontur (Kap. 7) *rot*

8.2 Automatische Mittelung der Querschnitte

Im diesem Kapitel wird die automatische Berechnung des mittleren Querschnittes aus Datensätzen der oberen Körperhälfte mit Hilfe der Software MATLAB erprobt. **Das Ziel besteht darin, eine einfache und schnelle Möglichkeit zur Erzeugung eines gemittelten Querschnittes für die jeweilige Größe zu finden.** Die ermittelten Querschnitte können dann für die Generierung der virtuellen Formkörper verwendet werden.

Zur Mittelung werden die Querschnitte (Abb. 8.4) der in Tabelle 8-1 dargestellten Scans der Größe uBU 75, CUP B aus dem Datenpool der repräsentativen Formkörper ohne gesondertes Ranking herangezogen. Die unterbrochene Linienführung (rot markiert) resultiert aus der Armhaltung der jeweiligen Person beim Scannen.

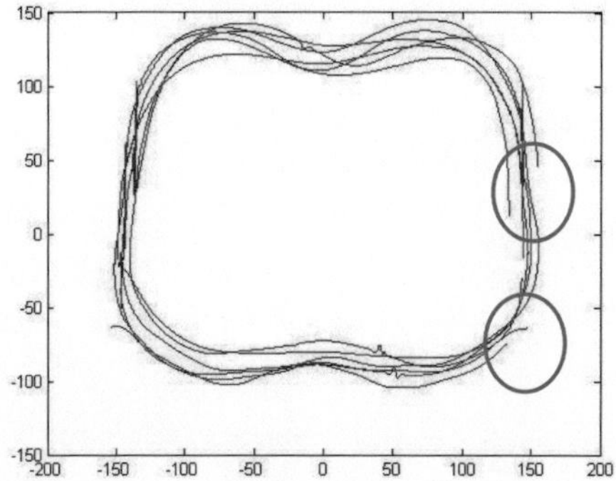

Abbildung 8.4: Querschnitte für die automatische Mittelung, Beispiel: Brustumfang-Ebene

Lösungsweg: Um aus den verschiedenen Querschnitten einen gemittelten Querschnitt zu erzeugen, wird in angemessen kleinen Schritten (Schrittweite 1) über den Definitionsbereich der x-Werte in jedem Schritt der mittlere Wert aller betrachteten Querschnitte bestimmt. Die mittleren Werte werden dann zu einem neuen Querschnitt mittels Spline interpoliert.

Dafür wird folgende Strategie angewandt:

- **Aufbereitung der Eingabedaten**

Die Aufbereitung der Eingabedaten erfolgt in Excel. Dies beinhaltet die Bereinigung der Daten (doppelte Werte, mehrere y-Werte zu einem x-Wert auf einer Seite der Kurve).

x-Wert	y-Wert	
-33,13	-92,42	1,00
-32,72	-92,40	1,00
-32,72	-92,34	0,00
-31,93	-92,15	1,00
-29,93	-91,80	1,00

Abbildung 8.5: Auszug aus Datentabelle

Des Weiteren werden die Definitionsbereiche bestimmt. Der Definitionsbereich geht vom kleinsten bis zum größten x-Wert der entsprechenden Datentabellen und zerlegt den Querschnitt in einen oberen und einen unteren Bereich. Diese Zerlegung ist für die weitere Arbeit mit Spline-Funktionen und nicht mit Spline-Kurven notwendig.

Anzahl der Daten im Definitionsbereich

		75B_0142 BU -1				75B_0508 BU-1				75B_0749 BU-1				75B_1017 BU-1			
2		89	89	121	121	97	97	147	147	99	99	134	134	115	115	149	149
3		x1	y1	x2	y2	x1	y1	x2	y2	x1	y1	x2	y2	x1	y1	x2	y2
4	Matlab	-153,89	-63,44	-134,65	31,34	-147,47	-21,41	-147,86	-21,13	-147,84	-36,49	-149,07	-16,55	-151,31	-25,37	-151,27	-21,74
5		-152,72	-63,21	-134,10	34,83	-145,87	-22,40	-147,43	-19,55	-147,67	-37,00	-149,04	-15,30	-151,21	-28,99	-151,11	-18,11
6		-150,36	-62,74	-133,47	38,32	-143,53	-24,38	-147,01	-14,00	-147,31	-37,73	-148,98	-12,81	-150,96	-32,60	-150,84	-14,49
7		-146,88	-62,97	-132,80	41,79	-141,28	-27,39	-146,71	-16,39	-146,76	-40,21	-148,92	-9,07	-150,57	-36,20	-150,45	-10,88
8		-143,59	-64,29	-132,07	45,26	-139,14	-30,47	-146,40	-16,16	-146,23	-43,93	-148,83	-5,33	-150,04	-39,77	-149,96	-7,27
9		-140,65	-66,36	-131,30	48,72	-137,07	-33,63	-146,10	-15,93	-145,56	-47,66	-148,70	-1,59	-149,37	-43,31	-149,38	-3,68
10		-137,97	-68,82	-130,51	52,17	-135,04	-36,85	-146,02	-15,70	-144,59	-51,36	-148,51	2,15	-148,53	-46,78	-148,74	-0,10
11		-135,36	-71,34	-129,74	55,63	-133,00	-40,10	-144,07	-8,55	-143,39	-54,99	-148,28	5,88	-147,50	-50,17	-148,07	3,47
12		-132,72	-73,79	-129,02	59,10	-130,90	-43,34	-143,97	-6,01	-141,99	-58,55	-148,03	9,62	-146,25	-53,44	-147,42	7,04
13		-129,96	-76,09	-128,34	62,58	-128,68	-46,54	-143,78	-2,21	-140,40	-62,05	-147,79	13,35	-144,74	-56,58	-146,79	10,61
14		-127,02	-78,15	-127,67	66,06	-126,35	-49,67	-143,50	1,61	-138,56	-65,46	-147,53	17,08	-142,98	-59,55	-146,19	14,18
15		-123,96	-80,03	-126,96	69,53	-123,87	-52,69	-143,24	5,42	-136,46	-68,74	-147,25	20,81	-140,95	-62,38	-145,64	17,76

Abbildung 8.6: Auszug aus Datentabelle nach erfolgter Aufbereitung

Die bereinigten und sortierten Datentabellen werden durch das Makro "Matlab" von Excel nach Matlab exportiert.

- **Erstellung des MATLAB-Skripts**

Für die Berechnung und die Visualisierung eines mittleren Querschnittes aus vorhandenen Daten wird ein MATLAB-Skript erstellt. Das Skript wird in Form mehreren Schleifen (for, end) mit Verzweigungen (if) programmiert. Das MATLAB-Skript ist in der Anlage 3 dargestellt.

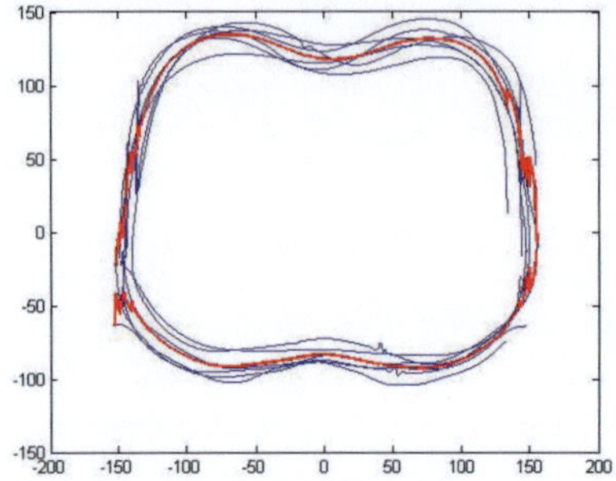

Das MATLAB-Skript erzeugt einen mittleren Querschnitt als Spline für den oberen und einen für den unteren Bereich und setzt diese dann zusammen. Im ersten Teil des Skriptes (mean_1 und mean_2, rote Kurve, Anlage 3) liegen die Ergebnisse aller vorhandenen Datenpunkte vom Anfang bzw. Ende des Definitionsbereiches vor. Die Visualisierung des Ergebnisses ist in der Abbildung 8.7 in rot dargestellt.

Abbildung 8.7: Gemittelter Querschnitt ohne Änderung des Definitionsbereiches

In zweiten Teil des Skriptes (mean_3 und mean_4, grüne Kurve, Anlage 3) wird versucht, die Ergebnisse unter der Annahme, dass erst dort gemittelt wird, wo mindestens drei Datensätze Datenpunkte haben, zu errechnen. Die Visualisierung des Ergebnisses ist in der Abbildung 8.8 in grün dargestellt. Als Vergleich ist die Visualisierung des Ergebnisses ohne Änderung des Definitionsbereiches in rot in der Abbildung 8.8 zu sehen.

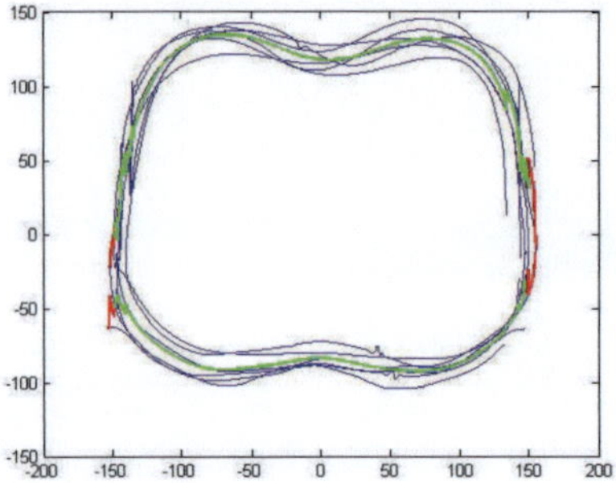

Abbildung 8.8: Gemittelter Querschnitt mit Änderung des Definitionsbereiches

Generell kommt es bei der Berechnung und der Visualisierung des mittleren Querschnittes zu folgenden Problemen:

- Der Definitionsbereich der verschiedenen Datensätze ist unterschiedlich. Dies verursacht Probleme am Anfang und Ende des Definitionsbereiches. Es besteht dabei aber keine Möglichkeit, die äußeren Datenwerte zu vernachlässigen, weil sonst Lücken in den Datenbereichen entstehen würden.
- Ein Teil der Querschnitte hat einen steilen Anstieg der x-Werte zu den y-Werten. Teilweise haben mehrere y-Werte denselben x-Wert. Hier besteht vorab die Möglichkeit, die Glättungen an den Daten vorzunehmen. Es ist allerdings schwer festzulegen, welche Datenbereinigung im Hinblick auf die Ergebnisse vertretbar ist.

Beispiel: Werte wie (x1,y1)=(150,50) und (x2, y2)=(150,51) könnten zu (x1,y1)=(150,50) und (x2,y2)=(149.5,51) bereinigt werden.

- Die Visualisierung des Ergebnisses hat in manchen Bereichen eine unstetige Stelle.

Die benannten Problemstellen haben zum Teil inhaltliche Gründe wie komplexe menschliche Körpergeometrie, Körper bzw. Armhaltung beim Scanprozess (s. Abb. 8.4), Beschreibung der Krümmungsradien der Körper oder sind Datenfehler infolge des Scanprozesses bzw. der Nachbearbeitung (vgl. Kap. 6). Der Grund für die Knick-Stelle bei der Visualisierung basiert in der Berechnung der Mittelwerte mehrerer x-, y-Wertepaare: (-150, 50), (-151, 19), (-149, 51).

Zusammenfassung

Zusammenfassend ist zu erkennen, dass die automatische Mittelung der Querschnitte auf Basis von mathematischen Berechnungen eine schnelle Visualisierung des Ergebnisses ermöglicht. Allerdings sind hier viele „kann"-Bestimmungen im Hinblick auf Datenbereinigung und letztendlich auf das Ergebnis zulässig. Der gemittelte Querschnitt mit Änderung des Definitionsbereiches ist homogener, muss aber im Achselbereich infolge einer unzureichenden Anzahl der Daten nachgearbeitet werden.

Des Weiteren lässt die automatische Mittelung der Querschnitte wenig Spielraum in der Hinsicht der kritischen Betrachtung der Scandaten auf die Körperhaltung, die Symmetrie und die Einflüsse durch die genutzte Wäsche (vgl. Kap. 8.1) zu. Im weiteren Arbeitsablauf müssen die Stützpunkte für die Spline-Konstruktion und die Parametrisierung ermittelt werden.

Tabelle 8-4: Vergleich des interaktiv und automatisch ermittelten Querschnittes (Brustumfang-Ebene)

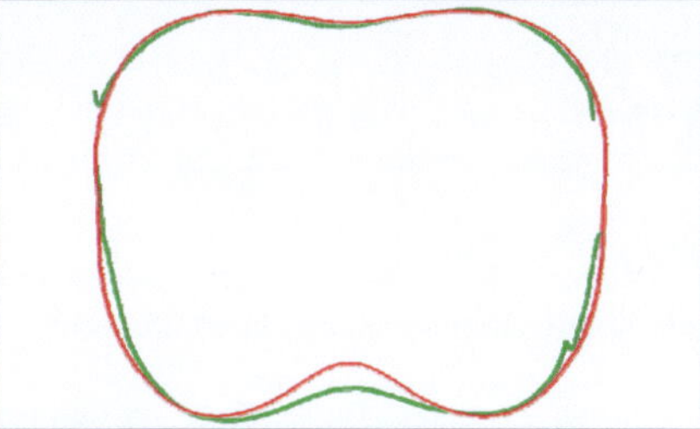

automatisch berechnete mittlere Kontur
grün
interaktiv berechnete mittlere Kontur (Kap. 7)
rot

9 Generierung virtueller Formkörper - Rumpf

Die in den Kapiteln 5, 6 und 7 gewonnenen Erkenntnisse und Daten werden zur Erarbeitung der virtuellen Formkörper genutzt.

9.1 Datenaufbereitung

Um eine parametrisierbare virtuelle Figurine erstellen zu können, müssen die Daten der Messpunkte bzw. Skalierungspunkte sowohl in DC3D, *LECTRA* [LEC 10] als auch in Excel aufbereitet und miteinander verknüpft werden. Damit wird es möglich, Datentabellen zu erstellen, die nach Größen abgespeichert und komplett gegeneinander austauschbar sind. Durch die Kopplung an das 3D-Konstruktionsprogramm können dann virtuelle Figurinen gewünschter Größen auf Knopfdruck aus einer Basisgröße erstellt werden.

- **Erstellung der Maßtabellen**

In kommerziellen Softwarelösungen hinterlegte Maßtabellen (vgl. Kap. 2) zur Skalierung von Figurinen (vgl. Kap. 3, 4) beruhen auf Körpermaßen und sind in der Form von Umfangsmaßen und Längen bzw. Abständen dargestellt.

Die Parametertabellen zur Skalierung der virtuellen Formkörper im Rahmen dieser Arbeit beinhalten x-, y- und z-Punktekoordinaten des Rumpfes. Die damit erzielbare dreidimensionale Skalierung setzt **keine proportionale Veränderung** des aus den Punktedaten generierten Kurvenverlaufes, z. B. des Brustumfanges, voraus.

Nachfolgend wird der Aufbau der Maßtabellen in der Software Excel dargestellt (Abb. 9-1):

<u>Spalte A:</u> Bezeichnung der Koordinaten, diese resultiert aus der Bezeichnung der Messpunkte (Beispiel: X2.2; Y2.2; Z2.2),

<u>Spalte B:</u> Koordinaten (Beispiel: 41.60; -7.10; -18.00); durch das <u>Namensfeld</u>, bezogen auf Spalte B, erfolgt die Verbindung zur Spalte A und DC3D (Beispiel: TOP_X2.2; TOP_Y2.2; TOP_Z2.2).

Um die Kurven der Schnittebenen der oberen und unteren Rumpfhälfte aufeinander abzustimmen, sind geringfügige Koordinatenanpassungen erforderlich.

Da die resultierenden Körpermaße aus den Punktedaten für den Anwender nicht sofort ablesbar sind, werden diese nach der Körpererstellung gewissenhaft kontrolliert. Dem Anwender, z. B. Miederwarenindustrie und Sportbekleidungshersteller, werden Datentabellen auf Basis von Körpermaßen (Primär- und Sekundärmaße) zur Verfügung gestellt. In der Tabelle (Abb. 9-1, rechts) sind die Körpermaße markiert, die interaktiv auf der Grundlage von Maßtabellen oder personenindividuellen Maßen verändert werden können. Alle weiteren Messstrecken, die für die Erzielung einer anthropometrisch richtigen Form, z. B. im Bereich des Nabels, benötigt werden, werden unter Berücksichtigung anthropometrischer Gesetzmäßigkeiten (vgl. Kap. 2, Abb. 2-9) in Abhängigkeit zu diesen Körpermaßen automatisch verändert.

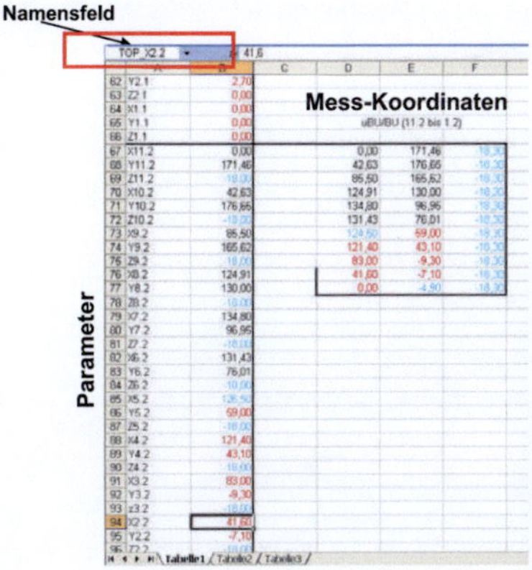

uBU 70, CUP A		
Körpermaß	Bezeichnung	Wert, [mm]
HalsUmfEnd	HalsUmfEnd_m	350,62
Halsumfang	HaU_m	354,00
Hals	Ha_m	504,46
Schulter	Schu_m	744,25
Oberbrustumfang/Schulter	oBU_Schu_m	947,54
5,0 cm Oberbrustumfang	cm_oBU_m	983,05
Oberbrustumfang	oBU_m	855,65
Oberbrustumfang/Brustumfang	oBU_BU_m	855,15
Brustumfang	BU_m	841,95
Brustumfang-Messwert	BUmess_m	830,00
Brustumfang/Unterbrustumfang	BU_uBU_m	766,59
Unterbrustumfang	uBU_m	700,00
1/2 Unterbrustumfang/Taillenumfang	uBU_TU_m	667,19
Taillenumfang	TU_m	660,00
tiefste Stelle	tiefSt_m	683,23
Nabelstelleumfang	Nab_m	725,14
Bauch/Knöchel	Ba_Knöch_m	796,08
1/3 Bauch/Hüftumfang	Ba_HU_m	858,27
Hüftumfang	HU_m	920,00
1/2 Hüftumfang/Schritt	HU_Schr_m	944,66
Schritt ganz	Schr_ga_m	1068,86
Schritt getrennt	Schr_ge_m	565,00
1,5 cm v. Schritt	cm_Schr_m	541,38

Abbildung 9-1: Links: Auszug aus der Datentabelle der uBU/BU-Ebene für eine Figurine; (schwarz - Koordinaten ohne Änderung, türkis - Koordinaten mit Änderung, rot - Koordinaten für den CUP-Bereich); Rechts: Datentabelle auf Basis von Körpermaßen

Jede Datentabelle in Abbildung 9-1 hat somit eine eigene Funktion: mit Hilfe der Punktekoordinaten werden Form und Lage der Querschnitte bestimmt, mit der Maßtabelle erfolgt der Abgleich der Querschnitte auf die gewünschten Körpermaße. In der Anlage 4 ist als Beispiel die Datentabelle für den Formkörper in der Größe uBU 70, CUP A aufgeführt.

- **Datenaufbereitung in DC3D, *LECTRA***

Die exakte Datenaufbereitung in DC3D, parallel zu der bereits beschriebenen in Excel, ist sehr wichtig für eine fehlerfreie und schnelle Datenübergabe und damit für die korrekte Skalierung der virtuellen Formkörper.

Die Datenaufbereitung und somit die Vorarbeit für die Erstellung eines virtuellen Formkörpers beinhaltet folgende Arbeitsschritte:

- Parameter erstellen

Hier werden Maßeinheit, Zahlenwert und Name der Koordinate eingegeben.

Beispiel: Messpunkt 2.2 (uBU 70, CUP A):

Parameter erstellen/ Einheitstyp Länge/ Wert **41.60/** Name X2.2

Parameter erstellen/ Einheitstyp Länge/ Wert **-7.10/** NameY2.2

Parameter erstellen/ Einheitstyp Länge/ Wert **18.00/** Name Z2.2

Alle in Kapitel 7 festgelegten Skalierungspunkte werden entsprechend eingegeben.

- Erstellung der B-Splines

Aus den Punktekoordinaten werden für jede Schnittebene mittels Interpolation die B-Splines generiert. Wie bereits erwähnt, repräsentieren die Daten nur eine Körperhälfte. Die Punkte werden vor der Kurvenerstellung an der Sagitalebene gespiegelt, um einen stetigen Kurvenverlauf im Bereich der Körpermitte zu erhalten. Die Abbildung 9-2 stellt alle Punkte in der BU-Ebene und die daraus erzeugte B-Spline dar.

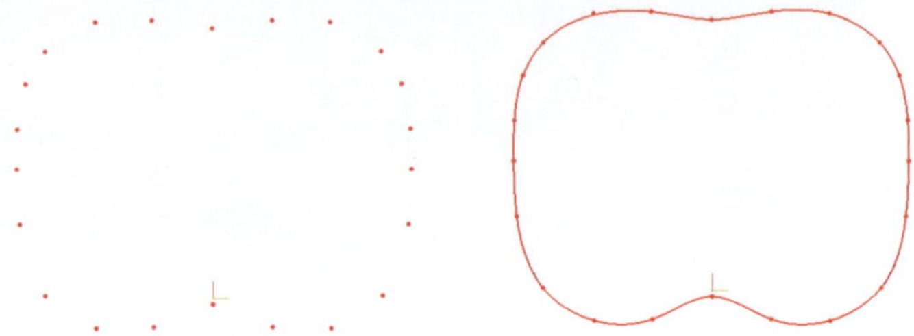

Abbildung 9-2: Links: Gespiegelte Koordinatenpunkte für die BU-Ebene; Rechts: B-Spline für die BU-Ebene

- <u>Erstellung der Körperform</u>

Die B-Splines aller Querschnitte bilden die Grundlage für die Erstellung der Körperform. Die CAD-Software bietet dafür das entsprechende Werkzeug [LEC 11]. Die geschlossenen, parallel im Raum liegenden, Kurven werden nacheinander aktiviert, um die daraus resultierende Oberfläche automatisch zu erzeugen.

Die Abbildung 9-3 stellt alle B-Splines auf Basis der ermittelten Koordinaten dar und zeigt die resultierende Körperoberfläche.

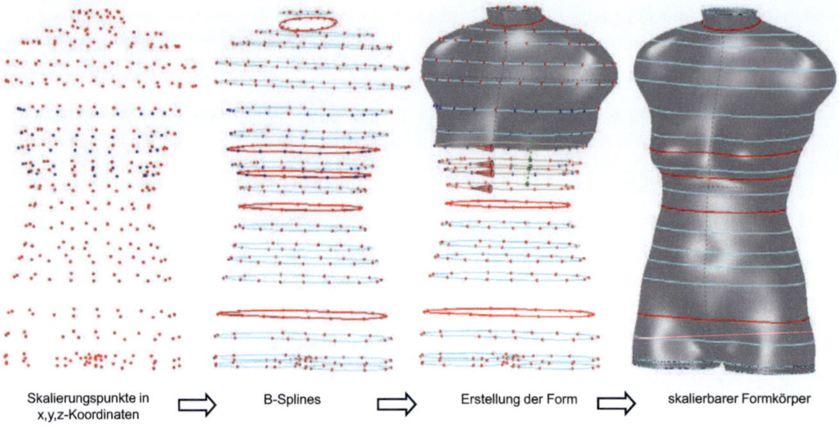

Abbildung 9-3: Generierung virtueller skalierbarer Formkörper

Für die exakte Skalierung des CUP-Bereiches des Formkörpers wird zunächst die Brustskalierung überprüft (Abb. 9-4).

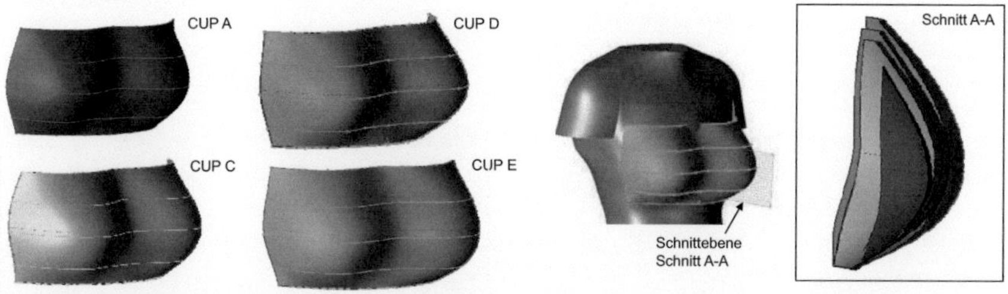

Abbildung 9-4: Beispielhaft entwickelte CUP`s für uBU 70

Zahlreiche Veröffentlichungen [LEE 07], [SEO 07], [WAN 07], [UJE 08], [RAI 10] bestätigen die Komplexität der Skalierung des CUP-Bereiches. Die Verwendung der Scandaten für die Modellierung der Brustform erstreckt sich vom Miederwarendesign über die Bestimmung der Form des BH-Bügels bis zu Anwendungen in der plastischen Chirurgie. In der Literatur werden u. a. Lösungen zur Anpassung eines Templates der Brustform (Basismeshs) durch Landmarks und die Änderung des Brustvolumens beschrieben [SEO 07].

Nach der Zusammenführung der Rumpfform und des CUP-Bereiches wird ein visueller Vergleich mit den aus den Scandaten erzeugten Polygonmodellen durchgeführt (Abb. 9-5). Die zum Vergleich herangezogenen Scandaten (Oberkörper und Körper ab uBU) entstammen verschiedenen Datensätzen.

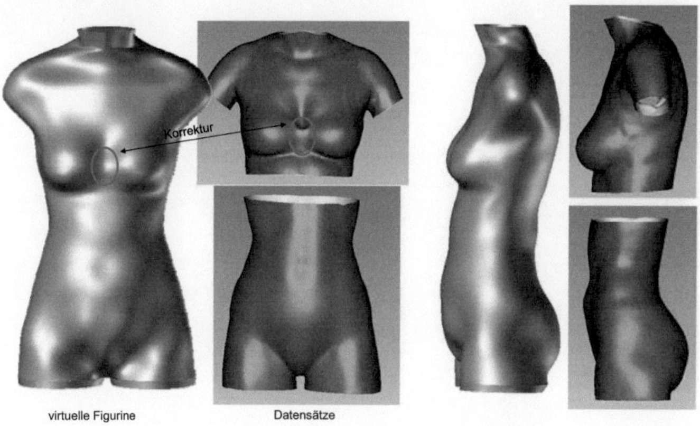

Abbildung 9-5: Vergleich der virtuellen Figurine mit den Scandatensätzen in der Front- und Seitenansicht, uBU 70

Wie bereits im Kapitel 7 beschrieben, muss der Einfluss der beim Scanprozess genutzten Unterwäsche auf das Scanergebnis korrigiert werden. Dazu werden der BH-Verschluss und die BH-Träger komplett bis zur Körperoberfläche zurückgesetzt und der BH-Steg und die Überspannung im Gesäßbereich teilweise an den Körper angeglichen (Abb. 9-5). Eigene

Untersuchungen haben gezeigt, dass dadurch bei der Konstruktion eine bessere Passform erzielt wird. Da die Koordinaten der B-Splines jederzeit veränderlich sind, kann die Lage des BH-Steges so korrigiert werden, dass dieser direkt auf der Körperoberfläche aufliegt. Gleichermaßen kann auch die Gesäßfalte tiefer ausgearbeitet werden.

9.2 Skalierung der virtuellen Formkörper und CUP-Skalierung

Um den Mehraufwand zur Erstellung eines Größensatzes körpernaher Bekleidung durch einen mehrmaligen Modellentwurf in 3D auf größenspezifischen Formkörpern zu vermeiden oder die anschließend notwendige 2D-Gradierung zu umgehen, werden größenveränderliche Formkörper erarbeitet. Diese sind mit Maßtabellen gekoppelt und lassen sich auf „Knopfdruck" verändern.

Der Basisformkörper wird in der Größe uBU 70, CUP A erstellt. Die Generierung der anderen Größen erfolgte auf Basis von Koordinaten nur in Excel.

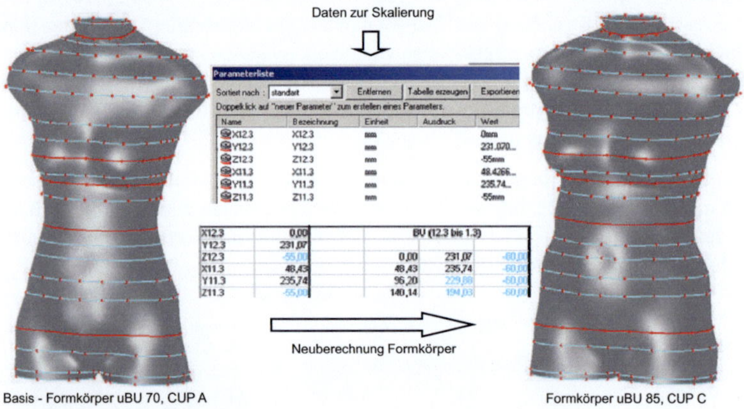

Abbildung 9-6: Neuberechnung der Formkörper

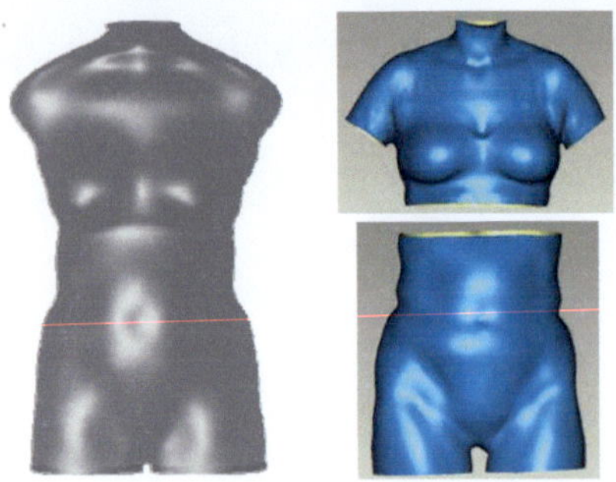

Nach der Skalierung der Form wird erneut ein visueller Vergleich der erstellten Größe mit den aus den Scandaten erzeugten Polygonmodellen durchgeführt (Abb. 9-7). Die zum Vergleich herangezogenen Scandaten (Oberkörper und Körper ab uBU) entstammen ebenfalls verschiedenen Datensätzen.

Abbildung 9-7: Vergleich der virtuellen Formkörper mit den Scandatensätzen in der Frontansicht, uBU 85

Bei großen Größen ab uBU 85 (Gr. 44) liegen die Ebenen uBU 5,0 cm und 1/2 TU-uBU (vgl. Kap. 7, Tab. 7-2 und Tab. 7-4) zu nah beieinander und ergeben eine schlechte Körperform.

Die Besonderheiten der Körperform bei kleineren (z. B. uBU 70 (Gr. 36)) und größeren Größen (z. B. uBU 85 (Gr. 44)) wird durch die erneute Anpassung der Skalierungsebenen nochmal verbessert. Es wird festgelegt, die B-Spline der Ebene uBU 5,0 cm bei der Formerstellung nicht zu verwenden.

Abschließend erfolgte die Überprüfung der resultierenden Körpermaße der skalierten virtuellen Figurinen. Abbildung 9-8 zeigt beispielhaft die Skalierung im CUP-Bereich und die Kontrolle des Brustumfanges. Unterscheiden sich Körpermaß und Schnittkontur (die zu messende Strecke liegt nicht genau auf der virtuellen Oberfläche - z. B. bei Brustumfang, Hüftumfang), wird eine zusätzliche Messlinie erstellt.

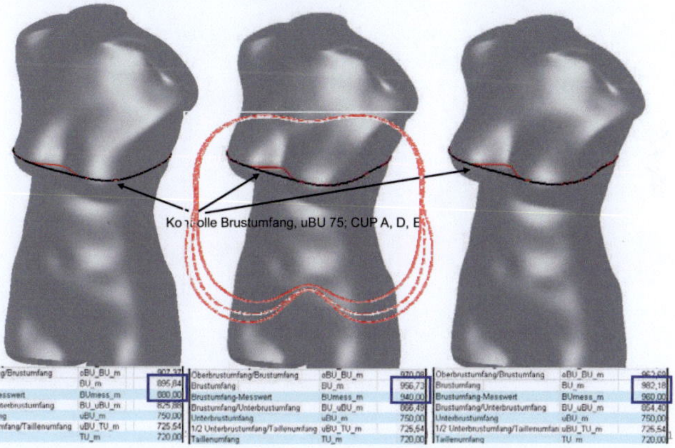

Abbildung 9-8: Skalierung und Kontrolle, Beispiel: CUP-Bereich, uBU 75, CUP A, D, E

Die sich durch die Veränderung der Koordinaten ergebende Flexibilität bei der Oberflächenanpassung zeigt die Abbildung 9-9. Es wird versucht, anhand der gemessenen Umfänge einer Testperson während der Schwangerschaft (Bauchbereich, z. B. TU-100 cm) eine Figurine mit entsprechenden Umfängen zu erstellen. Die resultierende Form der virtuellen Figurine zeigt einen natürlichen Formverlauf im Bauchbereich während der Schwangerschaft.

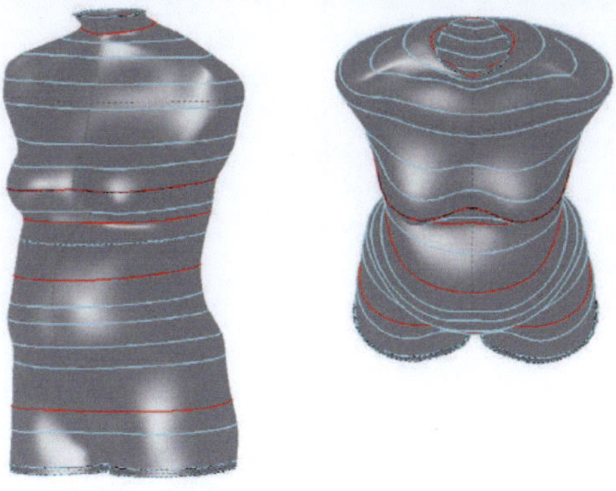

Abbildung 9-9: Virtueller Formkörper uBU 85, CUP B; Schwangerschaft

Die Anpassung der Oberfläche durch die Koordinatenflexibilität kann im Bereich der Gesundheitspflege bzw. Rehabilitation in Gesundheitswesen genutzt werden. Beispielhaft können die Koordinaten im CUP-Bereich so geändert werden, dass Unterwäsche für brustoperierte Frauen konstruiert werden kann.

Auf Basis der Koordinatenanpassung können verschiedene Körpertypen (z. B. Sanduhr, Löffel, Rechteck, Trapez, vgl. Kap. 2, Abb. 2-11) erstellt werden. Da in dieser Forschungsarbeit keine ausreichende Vergleichsdatenbasis für alle Körpertypen zur Verfügung standen, können nicht alle im Kapitel 2 genannte Beispiele erzeugt werden.

Abbildung 9-10: Virtueller Formkörper; Links: uBU 75, Körpertyp „Sanduhr"; Rechts: uBU 85, Körpertyp „Rechteck"

Zusammenfassung

In vorhergehenden Untersuchungen [SAY 04] wurden Skalierungsvarianten für die Generierung der Formkörper angewandt, die bei der Skalierung des B-Splines einer Ebene von einem Skalierungspunkt [KUN 03] ausgingen und auf den in Maßtabellen verfügbaren Parametern beruhen. Durch die dabei entstehenden Offsetkurven ist es jedoch nicht möglich, die Vielfalt der Körperausprägungen unterschiedlicher Größen und Typen richtig wiederzugeben (Abb. 9-11 (a, b) Var. 1). Auch die Variante der Brustskalierung durch die Anwendung von Zusatzmaßen aus Miederwarentabellen erbrachte nur eine begrenzte Verbesserung [SAY 04]. Die in dieser Arbeit erarbeitete Variante des Körperaufbaus und dessen Skalierung, basierend auf einer Vielzahl von Koordinaten zur Körperbeschreibung (Abb. 9-11 (a, b) Var. 2), ermöglicht die Erstellung eines wesentlich realistischeren Abbildes der weiblichen Figur in verschiedenen Körper- und CUP-Größen sowie Körpertypen.

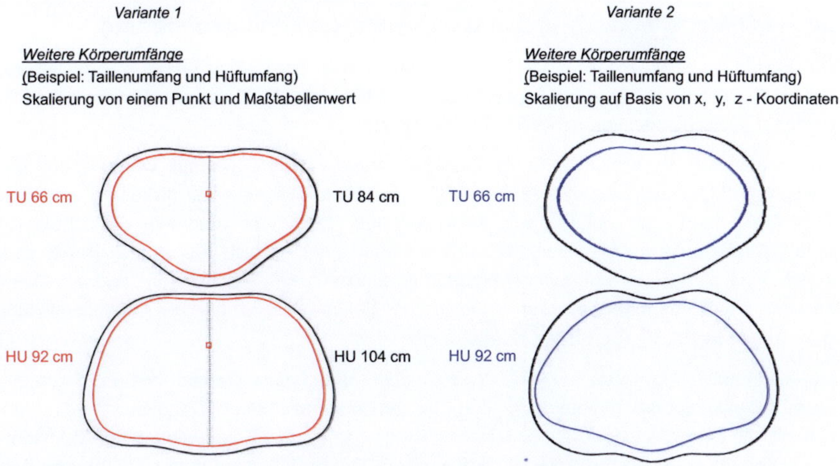

Abbildung 9-11 (a): Skalierungsvarianten für die Generierung der Körperform

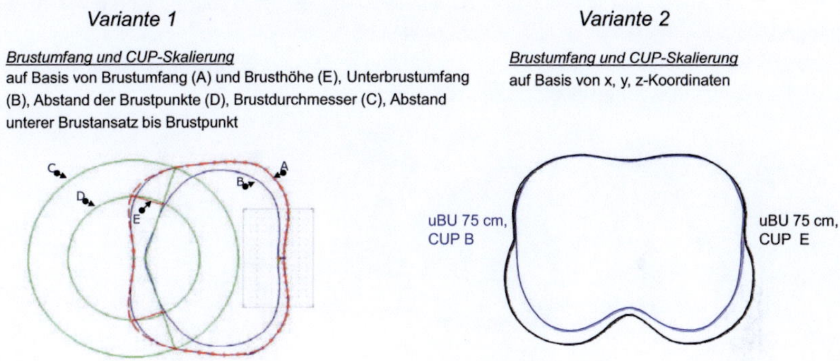

Abbildung 9-11 (b): Skalierungsvarianten für die Generierung der Körperform, CUP-Bereich

10 3D-Modellentwurf und automatische Zuschnittgenerierung

Die dreidimensionale Modellentwicklung der körpernahen Bekleidung erfolgt durch Zeichnen auf der Oberfläche der virtuellen Figurine. An den 3D-Modellentwurf schließt sich eine modisch- und/oder funktionalbedingte Schnittteilentwicklung an.

Die virtuellen Körper können zum Zeichnen frei im Raum bewegt werden, um das entworfene Modell von allen Seiten betrachten zu können. Linienfarbe, -dicke und -art sowie Punktfarbe und -art sind nach Wunsch des Designers und/oder Konstrukteurs unterschiedlich darstellbar. Aufgrund der Seitensymmetrie reicht es in der Regel aus, konstruktive Aufgaben auf einer Körperhälfte auszuführen. Als Kontroll- und Hilfslinien können die Körpermaßlinien der Primär- und Sekundärmaße bei der Modellerstellung genutzt werden (Abb. 10-1) [KRZ 05].

Die 3D-Schnittteile werden innerhalb der gezeichneten Schnittteilgrenzen vernetzt durch planere Dreiecke, um die darunter liegenden Flächen zu approximieren. Dabei besteht die Möglichkeit, die Dreiecksschenkellänge des Netzes zu wählen. Die Beschreibung der Schnittteilgeometrie mit planeren Dreiecken basiert in der Software DC3D auf dem so genannten Mosaik-Algorithmus und ist u. a. in [GIR 11] beschrieben.

Nach der Vernetzung werden die Schnittteile automatisch in der Ebene abgebildet (vgl. Kap. 4, Abb. 4-1). Die dabei berücksichtigten Simulationskriterien sind geometrischer Art (Dreieckslängen, -winkel, -flächen). Im Untersuchungsfall ist es sinnvoll, das Simulationsziel so zu definieren, dass gleiche Kantenlängen der Schnittteile in 3D und 2D erzielt werden. Damit ist die konfektionstechnische Fertigung problemlos möglich.

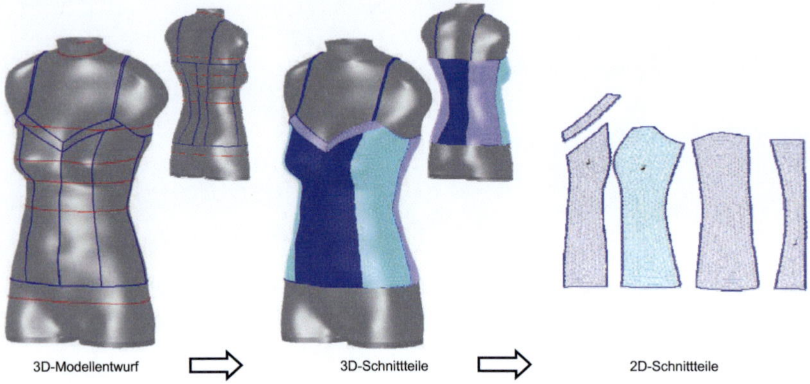

Abbildung 10-1: 3D-Modellentwurf und 2D-Schnitteile

Bei der Abbildung der Schnittteile in der Ebene besteht die Möglichkeit, die Anzahl der Iterationsschritte vorzugeben oder die automatische Vorauswahl anzuwenden.

Bei der automatischen Kontrolle werden bei dem Flattening-Algorithmus[1] maximal 25.000 Iterationsschritte ausgeführt, um ein optimales Ergebnis zu finden [LEC 11]. Die Abwicklung wird vom gewählten Startpunkt aus berechnet und bildet Schicht für Schicht das Netz in der

[1] Flattening ist die Abwicklung der 3D-Schnittteile in 2D-Schnittteile [LEC 11].

Ebene ab. Nach jeder Schicht werden sowohl die Verzerrungen innerhalb dieser als auch im gesamten, bisher entstandenen Schnittteil, minimiert. Die numerische Kontrolle erlaubt dem Anwender, den Flattening-Algorithmus mit einer bestimmten Anzahl von Iterationen für die Flattening-Phasen zu bestimmen. Die Anzahl der gewählten Iterationsschritte bestimmt einerseits die benötigte Rechenzeit und anderseits die geometrische Qualität der Schnittteile.

Um das Materialverhalten zu berücksichtigen, werden die Schnittteile entsprechend den ermittelten Dehnungsfaktoren für den jeweiligen Anwendungsfall skaliert. Die Dehnungsfaktoren für zwei Vorzugsrichtungen werden durch die Prüfung des Spannungs-Dehnungsverhaltens im mehrzyklischen Versuch in Anlehnung an DIN 53835 T13 bestimmt [REU 00], [DIN53835-13 81]. Grundlegende Untersuchungen zu der Berechnung der Dehnungsfaktoren sind in [KIRS 01], [KRZ 05], [RÖD 04] dargelegt.

Um Produktionsschnitte herzustellen, müssen Knipse, Fadenlauf und Nahtzugaben ergänzt werden. Dies lässt sich sowohl in *LECTRA* (DC3D, Modaris) als auch in einer anderen 2D-CAD Software realisieren. Die Daten können dazu z. B im DXF-Format übertragen werden.

Nach der Skalierung der Formkörper werden die Schnittteile automatisch für eine andere Größe (vgl. Kap. 9) erzeugt (Abb. 10-2). Eine nachträgliche Veränderung am Modell ist für die Gewährleistung eines guten Designs, besonders bei großen oder kleinen Größen, interaktiv möglich.

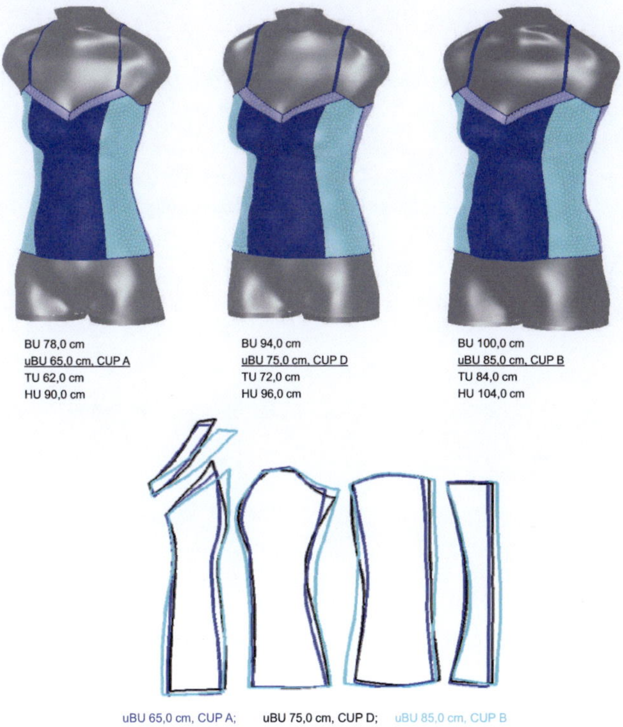

Abbildung 10-2: Skalierung der Formkörper und morphologische Gradierung der Schnittteile

Das Design eines Modells erfordert neben der Festlegung der Schnittteile und der daraus resultierenden Nahtführung auch eine farbliche Gestaltung. Den ermittelten Schnittteilen können sowohl Farben als auch Texturen (Stoffmuster) zugeordnet werden (Abb. 10-3).

Abbildung 10-3: Visualisierung von Farben und Mustern

Zusammenfassung

In diesem Kapitel sind die notwendigen Arbeitsschritte des Modellentwurfs, der Schnittentwicklung, der Berücksichtigung der Körpergrößen sowie der Visualisierung von Farben und Mustern dargestellt.

Die Modellentwicklung für verschiedene Größen wird durch die automatische Skalierung der 3D-Formkörper und darauf basierenden Schnittteile transparenter und gleichzeitig exakter.

11 Zusammenfassung

Das Ziel dieser Arbeit besteht in der Erarbeitung eines virtuellen weiblichen Rumpfes, aus dem sich unter Berücksichtigung der anthropometrischen Gesetzmäßigkeiten verschiedene Größen und Figurtypen durch eine geeignete Skalierung ableiten lassen. Diese Formkörper dienen als anthropometrisch korrektes Konstruktionswerkzeug zur passformsicheren Konstruktion körpernah getragener Kleidung für die Miederwarenindustrie, den Sportbekleidungssektor und den Bereich der Gesundheitspflege bzw. Rehabilitation im Gesundheitswesen.

Entsprechend der inhaltlichen Gliederung werden nach der Darstellung der Ausgangssituation, welche die Notwendigkeit neuer Entwicklungsmethoden in der Bekleidungskonstruktion kurz aufzeigt, die anthropometrischen Gesetzmäßigkeiten des menschlichen Körperbaus beschrieben. Die Kenntnisse über die Körperproportionen, die Merkmalspunkte zur Erfassung und Skalierung der Körpermaße und die Vielzahl der zu berücksichtigenden Figurtypen sind für die Systematisierung der Körperformen für virtuelle Menschmodelle enorm wichtig.

In den letzten Jahren ist eine Vielzahl virtueller Menschmodelle entstanden, die u. a. für Crashsimulationen in der Automobilindustrie, die ergonomischer Arbeitsplatzauslegung, die Passformsimulation in der Bekleidungsindustrie, die Bewegungsanalyse in der Medizin und den Unterhaltungsbereich angewandt werden. In dieser Arbeit werden die Chancen des Einsatzes dieser Menschmodelle für die konstruktive Umsetzung der dreidimensionalen Modellentwicklung analysiert. Resümierend lässt sich feststellen, dass die meisten 3D-Menschmodelle auf einer für die Bekleidungskonstruktion unzureichenden Anzahl von Körpermaßen bzw. nur auf Perzentil-Angaben basieren und für technologische Anforderungen des Modellentwurfs für körpernah getragene Kleidung bisher nicht geeignet sind.

Die Entwicklung realitätsnaher 3D-Formkörper für die Bekleidungskonstruktion erfordert die Bereitstellung geeigneter 3D-Körperdaten in unterschiedlichen Größen. Die mittels Bodyscantechnologie erfassten Daten bilden eine geeignete Basis dafür. Die individuellen Scandaten werden zuerst in Bezug auf die Körperabmessungen, die Haltung, die Brustform und den Figurtyp analysiert. Anschließend werden die Datensätze der einzelnen Größen anhand des zur Verfügung stehenden Datenpools systematisch ausgewählt. Somit kann sichergestellt werden, dass die zu entwickelnden virtuellen Körperformen und deren Größenparametrisierung einer mittleren Ausprägung entsprechen und ein möglichst breites Spektrum weiblicher Personen abdecken.

Die gewählten Datensätze liegen in Form einer Punktewolke oder als Polygonmodel vor und dienen als Datenbasis für die sich anschließenden Verarbeitungsschritte. Ziel ist es, den natürlichen Körper in einer leicht idealisierten Form abzubilden. In der Arbeit werden dafür die Bearbeitungsschritte von der Punktewolke bis hin zu CAD-Flächen, die je nach verwendeter Software variieren können, ausgearbeitet. Zur Einbindung der Scandaten in Softwarelösungen zur Simulation, zur Konstruktion bis hin zum Rapid Prototyping werden Formate zum Datenaustausch betrachtet und teilweise erprobt.

Das Polygonmodell kann für Simulations- und Visualisierungszwecke sowie für die Erstellung physischer Modelle, z. B. firmenindividuelle Büsten, mittels Rapid Prototyping angewandt werden. So werden u. a. im Bereich der plastischen Chirurgie Epithesen für brustoperierte Frauen benötigt. Die Erarbeitung von CAD-Flächen für personenindividuelle Datensätze ist nur in Ausnahmefällen für die Maßkonfektion, beispielweise für den Hochleistungssport, sinnvoll.

Um einen skalierbaren virtuellen Rumpf zu generieren, müssen relevante Parameter bzw. Skalierungspunkte für den oberen Rumpfbereich mit gesonderter CUP-Skalierung und den unteren Rumpfbereich festgelegt werden. Dabei ist es wichtig, die unterschiedlichen Körperausprägungen genau zu definieren. Die Formkörper werden dazu mittels transversalen, sagittalen und koronalen Ebenen geschnitten. Die sich ergebenden Schnittpunkte bilden die Grundlage für die Formanalyse anhand der x, y, z-Koordinaten. Für die Festlegung der Schnittebenen werden zunächst Primär- und Sekundärmaße entsprechend der europäischen Norm EN 13402-1:2001 ermittelt und anschließend weitere Maße für die Beschreibung des Formkörpers erhoben. Es werden jeweils zehn Querschnitte für den gesamten oberen Rumpfbereich mit gesondertem CUP-Bereich und den unteren Rumpfbereich festgelegt sowie 116 Skalierungspunkte für den oberen Rumpfbereich und 90 Skalierungspunkte für den unteren Rumpfbereich definiert.

Für die Bestimmung der Körpermaße bzw. für die Erhebung der Skalierungspunkte ist es ausreichend, die Polygonisierung durchzuführen. Während des Scanprozesses tragen die Probandinnen speziell für die Messung ausgesuchte Unterwäsche. Die natürliche Körperform wird dann noch teilweise verändert, so dass eine Nachbearbeitung der Scandaten erfolgen muss.

Aufgrund der Vielfalt individueller Körperausprägungen weisen die Messwerte große Streuungen auf. Somit ist eine intensive Analyse der Messdaten erforderlich, die dazu führt, dass extreme Abweichungen mit Hilfe des Ausreißer-Tests nach GRUBBS ausgeschlossen wurden. Anschließend werden die Skalierungspunkte gemittelt sowie die obere und untere Hälfte zu einem Rumpf vereinigt. Anhand der definierten Parameter ist eine anthropometrisch korrekte Skalierung zwischen den Unterbrustumfängen von 65 cm bis 95 cm mit dazugehöriger CUP-Skalierung von Cup A bis Cup E (Konfektionsgrößen von 34 bis 48) möglich.

Der Prozess der Bestimmung der Skalierungspunkte sowie deren Mittelung sind zeitaufwändig. Im Rahmen der Arbeit wurde deshalb untersucht, ob die notwendigen Entwicklungsschritte bis hin zum parametrischen Rumpf effektiver gestaltet werden können. Dafür werden die Scans der Größe uBU 75, CUP B aus dem repräsentativen Datenpool der Formkörper ohne gesondertes Ranking herangezogen und das Tool zur Mittelung von Polygon-Datensätzen der Software Geomagic Studio angewandt. Das Ziel besteht darin, eine in der Handhabung einfache und schnelle Möglichkeit zur Erzeugung eines gemittelten Formkörpers für die jeweilige Größe zu finden. Diese Software bietet Möglichkeiten, die Datensätze in ein gemeinsames Koordinatensystem zu importieren und zueinander auszurichten. Dabei lässt sich feststellen, dass die automatische paarweise Mittelung aufwendiger ist, aber zu einem besseren Ergebnis führt als die gleichzeitige Mittelung aller Datensätze auf Basis eines Referenzdatensatzes. Bei größeren Größen können sich jedoch aufgrund der inhomogenen Körperkontur deutlich größere Abweichungen ergeben.

Eine weitere Möglichkeit zur Erzeugung eines gemittelten Querschnittes für die jeweilige Größe ist die mathematische Berechnung mit Hilfe der Software MATLAB. Um aus den verschiedenen Querschnitten der Scandaten einen gemittelten Querschnitt für die definierten Schnittebenen zu erzeugen, wird in angemessen kleinen Schritten über den Definitionsbereich der x-Werte der mittleren y-Wert für alle betrachteten Querschnitte bestimmt. Die mittleren Werte werden dann zu einem neuen Querschnitt mittels Spline interpoliert. Zusammenfassend ist hier zu erkennen, dass die automatische Mittelung der Querschnitte auf Basis von mathematischer Berechnung eine schnelle Berechnung und Visualisierung des Ergebnisses ermöglicht. Allerdings sind hier viele „kann"-Bestimmungen im Hinblick auf die Datenbereinigung und letztendlich auf das Ergebnis zulässig.

Die interaktive Arbeitsweise zur Mittelung der Körperpunkte ist zwar zeitintensiver, beinhaltet aber eine kritische Betrachtung der Scandaten hinsichtlich der Körperhaltung, der Symmetrie und der Einflüsse durch die verwendeten Wäsche. Positionskorrekturen zur Behebung offensichtlicher Fehler in der Oberflächendarstellung sind möglich. Der Vorteil der interaktiven Konturmittelung liegt in der gleichen Wichtung aller Daten (kein Referenzdatensatz), der Berücksichtigung der Symmetrie und der Möglichkeit, den Konturverlauf lokal zu korrigieren.

Um aus den gemittelten Datensätzen einen skalierbaren Formkörper zu generieren, müssen die Interpolationspunkte der Splines ermittelt und in Form von x, y, z-Koordinaten als Parameter hinterlegt werden.

Die 3D-Konstruktionsmethoden beinhalten ein großes Potenzial für die Produktentwicklung in der Bekleidungsindustrie. Dabei werden die Visualisierung des Entwurfs und die technische Ausführung verknüpft. In dieser Arbeit wurden die Möglichkeiten der Software Design Concept 3D, *LECTRA* für die Entwicklung skalierbarer Formkörper, die für den sich anschließenden Modellentwurf bis hin zur automatischen Zuschnittgenerierung geeignet werden können, untersucht.

Die Erarbeitung der Formkörper für die 3D-Bekleidungskonstruktion erfolgt auf Basis von Schnittebenen. Aus den ermittelten Punktkoordinaten, die in Form von Parametern hinterlegt werden, werden für jede Schnittebene mittels Interpolation die B-Splines generiert. Die Freiformflächen für den Formkörper werden anhand der geschlossenen, parallel im Raum liegenden, Splines mittels verfügbarer CAD-Werkzeuge erzeugt. Die sich dadurch ergebende Flexibilität der Oberflächenanpassung ermöglicht, verschiedene Körpergrößen und Körpertypen zu berücksichtigen. Der Basisformkörper wird in der Größe uBU 70, CUP A erstellt. Die Generierung der anderen Größen erfolgte auf Basis der in Excel hinterlegten Parameter. Die größen- und figurtypabhängige Datentabellen sind komplett gegeneinander austauschbar und mit einem 3D-Konstruktionsprogramm verknüpft.

In kommerziellen Softwarelösungen hinterlegte Maßtabellen zur Skalierung von Figurinen beruhen auf Körpermaßen und sind in der Form von Umfangsmaßen und Längen bzw. Abständen dargestellt. Die Parametertabellen zur Skalierung der virtuellen Formkörper im Rahmen dieser Arbeit beinhalten x-, y- und z-Punktkoordinaten des Rumpfes. Die damit erzielbare dreidimensionale Skalierung setzt keine proportionale Veränderung des aus den Punktedaten generierten Kurvenverlaufes, z. B. des Brustumfanges, voraus.

Diese erarbeitete Variante ermöglicht die Erstellung eines wesentlich realistischeren Abbildes der weiblichen Körperform in verschiedenen Körper- und CUP-Größen und Figurtypen.

Ein wesentlicher Wirtschaftsfaktor für die Bekleidungsindustrie ist die modische Gestaltung. Die mehrmals jährlich wechselnden Kollektionen erfordern die ständige Entwicklung neuer Modelle aus ebenfalls modisch weiterentwickelten Textilien. Der künstlerische Entwurf des Designers soll möglichst unverfälscht in ein passformsicheres Modell umgesetzt werden.

Die dreidimensionale Modellentwicklung der körpernahen Bekleidung erfolgt durch das Zeichnen auf der Oberfläche. Die 3D-Schnittteile werden innerhalb der gezeichneten Linien vernetzt (planere Dreiecken), um die darunter liegenden Flächen zu approximieren. Danach werden die Schnittteile automatisch in der Ebene abgebildet. Die dabei berücksichtigten Simulationskriterien sind geometrischer Art. Um das Materialverhalten zu berücksichtigen, werden die Schnittteile entsprechend den ermittelten Dehnungsfaktoren für den jeweiligen Anwendungsfall skaliert.

Nach der Skalierung der Formkörper werden die Schnittteile automatisch für eine andere Größe erzeugt. Eine nachträgliche Veränderung am Modell ist für die Gewährleistung eines guten Designs, besonders bei großen oder kleinen Größen, interaktiv möglich.

Das Design eines Modells erfordert neben der Festlegung der Schnittteile und der daraus resultierenden Nahtführung auch eine farbliche Gestaltung. Den ermittelten Schnittteilen können sowohl Farben als auch Texturen (Stoffmuster) zugeordnet werden. Der Formkörper wird als ein Baustein in den Entwicklungsprozess eines Bekleidungsstückes eingesetzt. Designer und Schnittmacher können sich durch diese technologische Entwicklung gänzlich auf die spezifische Anforderungen des Kunden konzentrieren und schneller und günstiger passformoptimale Modelle auf den Markt bringen.

Künftig sollen die im Rahmen dieser Arbeit entwickelten Grundlagen zur Produktentwicklung in 3D auf Basis eines virtuellen weiblichen Rumpfes auch für die Entwicklung körpernaher Bekleidung für Männer und Kinder anwendbar sein.

Am Institut für Textilmaschinen und Textile Hochleistungswerkstofftechnik der TU Dresden laufen momentan weitere Forschungsarbeiten zur Thematik innovativer 3D-Konstruktionsmethoden, u. a. für die untere Körperhälfte von Frauen sowie zur Entwicklung von Formkörpern mit Bewegungsoptionen. Die in dieser Dissertation entwickelte Methodik zur Formkörperskalierung dient dazu als Grundlage.

Um eine konzeptionell neue Technologie in die Praxis zu überführen, bedarf es eines immensen Aufwandes an technischem und intellektuellem Know-how. Die aktuellen Forschungsergebnisse werden bereits in die akademische Ausbildung integriert. Dadurch wird Fachpersonal ausgebildet, welches derartige Methoden der Schnittentwicklung in der Praxis überführen kann.

Softwareentwickler sind zunehmend interessiert, die Forschungsergebnisse in kommerziell verfügbare Softwarelösungen zu integrieren. Bereits erfolgreiche Anwendungen sind im Bereich der Medizin- und Sporttextilien anzutreffen.

Literaturverzeichnis

[3DS 11] http://www.3ds.com/de/products/catia/portfolio/icem-surf/, 2011.

[ABR 10] http://www.abravest.org.br, 2010.

[AER 00] Aerni, F.: Lehrbuch der physiognomischen Menschenkenntnis. Einführung in die Huter`sche Psychophysiognomik und Kallisophie. Zürich, Carl-Huter, 2000.

[ALL 03] Allen, B.; Curless, B.; Popovic, Z.: The space of human body shapes: reconstruction and parameterization from range scans. University of Washington, Proceedings: ACM SIGGRAPH, 2003.

[ALV 11] http://www.alvanon.com; 2011.

[AND 08] Andreeva, M./Андреева, М.:Инновационная технология визуального параметрического проектирования одежды от 3D модели до готовых лекал и раскладок. Швейная промышленность, Nr. 1, 2008.

[ANY 11] www.anybodytech.com, 2011.

[ARN 98] Arndt, H.; Bohnenkamp, H.; Fink, G.; Floß, E.; Hillers, E.; Krill, S.; Schulte, B.; Wieloch, D.: OPTIMASS Konstruktions- System. FH Niederrhein Mönchengladbach. GRAFIS Handbuch, 1998.

[ASH 10] Ashdown, S. P.; Devine C.; Erickson, P.: Research in Body/Garment Relationships. Proceedings for 3D Body Scanning Technologies, Lugano, 2010.

[ASS 10] http://www.assyst.de, 2010.

[ASSO 10] http://www.assol.org, 2010.

[ATS 10] http://www.ats.go.kr, 2010.

[AUB 00] Aubel, A.; Thalmann, D.: Realistic Deformation of Human Body Shapes. In Proc. Computer Animation and Simulation, 2000.

[BAD 93] Badler, N. I.; Philipps, C. B.; Webber, B. L.: Simulation Humans: Computer Graphics Animation and Control. Oxford University Press, New York, 1993.

[BAH 89] Bachmeier, W.: Ergonomisch-anthropologisches Methodeninventar und Computeranthropometrie. Wissenschaftliche Zeitschrift der Humboldt-Universität zu Berlin, Reihe Medizin; Angewandte Anthropometrie, 38. Jg., Heft 2, 1989.

[BAL 10] Balzulat, J.; Seebauer, W.: Made-to-Measure Garments in 3D. Proceedings for 3D Body Scanning Technologies, Lugano, 2010

[BAU 01] Bauch, A.: Ergonomie in der Flugzeugkabine. Passagierprozesse und manuelle Arbeitsabläufe. Lehrstuhl für Luftfahrttechnik, TU München. Workshop: Flugzeugkabine/Kabinensysteme -die nächsten Schritte, Tagungsband, 2001.

[BES 92] Besl, P. J.; McKay, N. D.: A method for registration or 3-d shapes, IEEE Transactions on Pattern Analysis and Machine Intelligence, 1992.

[BEY 02] Beyer, C.: Nutzung der 3D-Digitalisierung bei der Entwicklung von Produkten. Dissertation, Otto-von-Guericke-Universität, Fakultät für Maschinenbau, Magdeburg, 2002.

[BOD 10] http://www.bodymetrics.com, 2010.

[BÖH 05] Böhm, S.: Erzeugung von Avataren anhand von Körpermaßen für das Bekleidungsdesign. Darmstadt: Fachhochschule, Fachbereich Informatik, Masterarbeit, 2005.

[BRE 93] Breuckmann, B.: Bildverarbeitung und optische Messtechnik in der industrieller Praxis: Grundlagen der 3D-Meßtechnik, Farbbildanalyse, Holografie und Interferometrie mit zahlreichen praktischen Applikationen. Franzis Verl., München, 1993.

[BRO 10] http://www.browzwear.com/index.htm, 2010.

[BRU 10] Bruner, D.: Mass Implementation of 3D body scanners for Human Body Measurement for applications in Apparel, Fashion, Anthropometrics, Health, Fitness and Entertainment. Proceedings for 3D Body Scanning Technologies, Lugano, 2010.

[CAD 11] http://www.cadmodelling.it, 2011.

[CAR 84] Carter, J.; Yuhasz, M.: Skinfolds and body composition of Olympic athletes, in Medicine and Sport Science. Karger, Basel, Vol. 18, S. 144-182, 1984.

[CAR 90] Carter, J.E.L.; Heath, B. H.: Somatotyping: Development andapplications. Cambridge University Press, Cambridge, 1990.

[CAS 90] Case, K.; Porter, J.M.; Bonnes, M.C.: SAMMIE: A Man and Workplace Modeling System. In Karwowski, W., Genaidy, A.M. und Asfour, S.S. (Eds.), Computer-aided Ergonomics, S. 47, Taylor & Francis, London, 1990.

[CHE 09] Cheng, Z.; Robinette, K.: Static and Dynamic Human Shape Modelling. In: Digital Human Modelling, Springer Verlag, Berlin, Heidelberg, 2009.

[CNI 10] http://www.cnis.gov.cn, 2010.

[CYB 10] http://www.cyberware.com, 2010.

[DET 06] Detering, U.; Haug, R.: Passformoptimierung mit 3D-Bodyscanning - Spezielle Problemstellungen und Lösungsansätze. Hochschule Niederrhein. Vortrag, IMB-Forum, 2006.

[DIN20685 05] Norm DIN EN ISO 20685: 3D-Scanverfahren für international kompatible anthropometrische Datenbanken. Europäisches Komitee für Normung. Deutsche Fassung, 2005.

[DIN53804 81] Norm DIN 53804 Teil 1: Statistische Auswertungen - Messbare (kontinuierliche) Merkmale. Ausreißer Test nach Grubbs, 1981.

[DIN53835-13 81] Norm DIN 53835 Teil 13: Prüfung von Textilien; Prüfung des zugelastischen Verhaltens; Textile Flächengebilde, einmalige Zugbeanspruchung zwischen konstanten Dehngrenzen, 1981

[DOB 94] DOB-Promotion GmbH (Hrsg.): DOB-Größentabelle 1994: Körpermaßtabellen, Marktanteiltabellen und Konstruktionsmaße für Damenoberbekleidung. Köln, 1994.

[DUN 80] Дунаевская Т. Н.; Коблякова Е. Б.; Ивлева Г. С.: Размерная типология населения с основами анатомии и морфологии. Издательство «Легкая индустрия», Москва, 1980.

[EN13402 01] Norm EN 13402: Größenbezeichnung von Bekleidung. Teil 1: Begriffe und Verfahren für die Messung am Körper. Teil 2: Primer- und Sekundärmaße, 2001.

[ETAI 02] e-Tailor, Integration of 3D-Body Measurement, Advanced CAD and E-commerce Technologies in the European Fashion Industry. European Apparel and Textile Organisation, Brüssel, 2002.

[ETCLU 02] e-T Cluster: Developing of Common Standards for the Integration of 3D Body Measurement, Advanced CAD, and Personalised avatars in the European Fashion Industry. IST-2000-26084, European Apparel and Textile Organisation, Brüssel, 2002.

[FEL 10] http://www. felizias.de, 2010.

[FET 78] Fetter A. W.: A Progression of Human Figures Simulated by Computer Graphics. Southern Illionis Research Institute US. In Proceedings: SPIE Volume 166 NATO Symposium on Applications of Human Biostereometrics, Paris, France, July 9-13, 1978.

[FIN 10] http://www.finatex.fi, 2010.

[FLÜ 88] Flügel, B.; Greil, H.; Sommer, K.: Anthropologischer Atlas. Berlin: Verlag Tribüne, 1986.

[FRI 06] Fritzsche, J.: Sportanthropologische Untersuchungen zur Konstitutionstypologie von Kampfkünstlern der Sportart Karate (Elitekarateka). Dissertation, Universität Frankfurt am Main, Fachbereich Biologie und Informatik, 2006.

[GEO 08] http://www.geomagic.com, 2008.

[GEOH 08] Raindrop Geomagic, Inc.: Geomagic Studio 10- Printout of Online Help, 2008.

[GER 10] http://www.gerbertechnology.com, 2010.

[GEU 94] Geuß, H.: Entwicklung eines anthropometrischen Messverfahrens für das CAD-Menschmodell RAMSIS. Dissertation an der TU München, Lehrstuhl für Ergonomie; München, 1994.

[GFA 10] http://www.gfai.de, 2010.

[GIE 04] Gieseke, F.: The ICP Algorithm: Theoretical Framework and practical Realizations, Seminararbeit. Betreuer: K. Rothaus. Westfälische Wilhelms-Universität Münster, 2004.

[GIR 11] Girdauskaite, L.: Lokale Strukturfixierung im Preformherstellungsprozess für komplex gekrümmte Faserkunststoffverbundbauteile. Dissertation. TUDpess, 2011, ISBN 978-3-942710-40-4

[GRA 10] http://www.grafis.de, 2010.

[HAM 06] Hamfeld, H.: White Paper: Computergestützte Vermessung von Personen: Laserscanner und Streifenlichtscanner im Vergleich. Human Solution GmbH, Kaiserslautern, 2006.

[HAM 10] http://www.hamamatsu.com, 2010.

[HER 89] Hern, K.-P.; Schulze, S.: Automatisierte Datenerfassung in der Sportanthropometrie - Stand und Probleme. Wissenschaftliche Zeitschrift der Humboldt-Universität zu Berlin, Reihe Medizin; Angewandte Anthropometrie, 38. Jg., Heft 2, 1989.

[HOE 10] http://www.hohenstein.de, 2010.

[HOE 96] Hoekstra, P. N.: Human Factors und Ergonomics. Society Annual Meeting Proceedings. Environmental Design. International Journal of Industrial Ergonomics, Band 17, Nr. 4, April, 1996.

[HUM 10] http://www.human-solutions.com, 2010.

[HUM 11] http://www.human-solutions.com, 2011.

[HUN 86] Hungarian People´s Republic State Standards. The Office of Hungarian Standards, Budapest, 1986.

[HUT 09] Huter, C.: Leitfaden zu meinem System der wissenschaftlichen Psycho-Physiognomik einer vergeistigten Naturwissenschaft, Welt- und Lebenslehre, in Verbindung mit der sich daraus ergebenden ethischen Schönheitslehre Kallisophie, 1909.

[IBV 10] http://www.ibv.org, 2010

[IFM 11] www.ifm-chemnitz.de, 2011.

[IFP 10] www.ifpsicomp.se, 2010.

[IFT 10] http://www.ifth.org, 2010.

[INS 10] http://www.inspeck.com, 2010.

[ISIZE 11] https://portal.i-size.net, 2011.

[ISO8559 89] ISO-Norm 8559: Garment Construction and Anthropometric Surveys - Body Dimensions. International Organisation for Standardization, 1989.

[ITM 10] Interne Arbeit am Institut für Textilmaschinen und Textile Hochleistungswerkstofftechnik (ITM) der TU Dresden, 2010.

[ITM 11] Interne Arbeit am Institut für Textilmaschinen und Textile Hochleistungswerkstofftechnik (ITM) der TU Dresden, 2011.

[JUL 10] http://julivi.com, 2010.

[JÜR 89] Jürgens, H. W.; Aune, I. A.; Pieper, U.: Internationaler anthropologischer Datenatlas. Schriftreihe der Bundesanstalt für Arbeitsschutz. Dortmund: Wirtschaftsverlag NW, 1989, ISBN 3-88 314-910-1.

[KAK 08] Kakinuma, Y.; Tsutsumi, E.; Kondo, K.; Mitani, J.; Miyahara, S.; Suzuki, H.; Iida, Y.: Customized Garment Design Supporting System for Aged People Using Digital Dress Form Model. Proceedings 13 th International Conference on Geometry and Graphics, Dresden, 2008

[KAM 89] Kamusella, Ch.: Tommy – ein Konzept zur 3D Simulation des menschlichen Körpers, Wissenschaftliche Zeitschrift der Humboldt-Universität zu Berlin, R. Med. 38, 1989.

[KEM 57] Kemsley. R.: Women´s Measurements and Size – A Study Sponsored by the Joint Clothing Council Limited, London, HMSO, 1957.

[KIM 07] Kim, S.; Park, C. K.: Basic garment pattern generation using geometric modeling method. International Journal of Clothing Science and Technology, 2007

[KIR 01] Kirchdörfer, E.; Mahr-Erhardt, A.; Scheck, H.: Körpermaße, Marktanteile und Konstruktionsgrundlagen für Miederbekleidung. Bekleidungstechnische Schriftreihe Band 143. Köln: Forschungsgemeinschaft Bekleidungsindustrie e. V., 2001. ISBN 3 7949 0669 1

[KIR 03] Kirchdörfer, E.; Mahr-Erhardt, A.: Oberbekleidung für Frauen über 60 Jahre – Körperdimensionen, Größenverteilung, Schnittkonstruktion. Bekleidungstechnische Schriftenreihe der Forschungsgemeinschaft Bekleidungsindustrie, Band 156, Köln, 2003.

[KIRS 01] Kirstein, T: Produktentwicklung für körpernahe Bekleidung unter Berücksichtigung der textilen Materialeigenschaften. Dissertation, TU Dresden, Fakultät Maschinenwesen, 2001.

[KLE 10] Kleban, V., Paul, L.: 3D Modeling and Size Adaptation of Individual Human Body Avatars from Parametric Measurement Data for 3D Construction and Analysis Tasks. Proceedings for 3D Body Scanning Technologies, Lugano, 2010.

[KOS 90] Kosak, E.; Hähnel, G.; Wahren, R.: Gestaltung und Konstruktion für Maßschneider. Fachbuchverlag Leipzig, 1990. ISBN 3-343-00552-5

[KRE 77] Kretschmer, E.: Körperbau und Charakter-Untersuchungen zum Konstitutionsproblem und zur Lehre von den Temperamenten. 26. Aufl., Berlin, 1977.

[KRI 02] Кривобородова Е. Ю.; Покровская О. В.; Агапова Ю. И.: Классификация женских фигур для автоматизированного проектирования одежды. В мире оборудования, Nr. 5, 2002.

[KRZ 00] Krzywinski, S.; Rödel, H.: Dreidimensionale Schnittkonstruktion für körpernahe Bekleidung. Proceedings, Avantex, Frankfurt am Main, 27.-29.11.2000.

[KRZ 02] Krzywinski, S.; Tran Thi, N.; Rödel, H.: Schnittgestaltung für körpernahe Bekleidung aus Maschenwaren mit Elastangarnen, Maschen-Industrie, 6/2002, S. 36 – 39.

[KRZ 03/1] Krzywinski, S.; Siegmund, J.: Parametrische Systeme für die zwei- und dreidimensionale Bekleidungskonstruktion. Melliand Textilberichte - Bekleidung, 3/2003, S. 222 - 224.

[KRZ 03/2] Krzywinski, S.; Siegmund, J.; Dshomachmadova, Z.; Rödel, H.: Innovative Methoden der Produktentwicklung - Parametrische Systeme für die zwei- und dreidimensionale Bekleidungskonstruktion. Jahrbuch für die Bekleidungswirtschaft 2003, Berlin, Fachverlag Schiele und Schön GmbH, 2003, S. 49 - 59.

[KRZ 03] Krzywinski, S.: Design und Materialverhalten. Bekleidung und Wear Nr. 3, S. 12-17, 2000.

[KRZ 05] Krzywinski, S.: Verbindung von Design und Konstruktion in der textilen Konfektion unter Anwendung von CAE. Habilitationsschrift, Fakultät Maschinenwesen, TU Dresden, TUDpress, 2005. ISBN 3-938863-10-2

[KRZ 08] Krzywinski, S.; Schenk, A.; Haase, E.; Rödel, H.: Simulation und virtuelle Passformkontrolle. Näher an der Realität. Textile Network, Oktober, 2008.

[KRZ 09] Krzywinski, S.: CAD-Systeme. Vorlesungsunterlagen. TU Dresden, 2009.

[KRZ 11] Krzywinski, S.; Hlaing, E.C.; Morlock, S.; Kirchdörfer, E.: Entwicklung virtueller 3D-Formkörper für die untere Körperhälfte von Frauen auf Basis von 3D-Scandaten (IGF-Nr. 15972 BG), Forschungsbericht, Institut für Textilmaschinen und Textile Hochleistungswerkstofftechnik, TU Dresden, Dresden, 2011.

[KUN 03] Kung, A.; Philippe, A.; Mandard, G.: United States Patent Application Publication, US 2003/0011590 A1, Jan. 16, 2003.

[KUN 84] Kunick, P.: Modern Sizing and Pattern Making for Women´s and Children´s Garments. A Scientific Study in Pattern Construction and a Standard textbook for the Clothing Industry, London, Philip Kunick publications, 1984.

[LEA 10] LEAPFROG. http://www.leapfrog-eu.org, 2010.

[LEC 10] http://www.lectra.com/en/index.html, 2010.

[LEC 11] Lectra. Design Concept- Printout of Online Help, 2011.

[LECAN 10] http://www.lectra.com, Lectra annual report (2008), 2010.

[LEE 03] Lee, Y.-J.: Internationaler Vergleich von CAD-Ausbildung in der Informationsgesellschaft: in Textil- oder Bekleidungsfakultäten in Deutschland, Japan, Korea und USA. Inaugural-Dissertation. Westfälische Wilhelm-Universität Münster, 2003.

[LEE 07] Lee, H.-Y.; Hong, K.: Optimal brassiere wire based on the 3D anthropometric measurements of under breast curve. Applied Ergonomics 38, 2007, www. elsevier.com, 2011

[LEN 08] Lengen, R. H.: IVS. Intelligente Visualisierungs- und Simulationssysteme. http://www.dfki.de/web, 2008.

[LIP 08] Lippmann, K. M.; Lippmann, R.; Laszlo, G.: ANTHROPOS. Dokumentation: http://www.gallerydiabolus.com/MAPPE1/, 2008.

[LUH 00] Luhmann, T.: Nahbereichsphotogrammetrie, Grundlagen, Methoden und Anwendungen. Wichmann Verlag, Heidelberg, 2000.

[MAI 98] Maier, A.: Internationaler Maßtabellenvergleich, Damen, Weltweit, 1998.

[MAT 11] http://www.mathworks.de/products/matlab/index.html, 2011.

[MEH 00] Mehnen, J.: Evolutionäre Flächenrekonstruktion. Dissertation, Universität Dortmund, Fakultät Maschinenbau, 2000.

[MIR 10] http://www.miralab.unige.ch, 2010.

[MOR 09] Morlock, S.; Wendt, E.: Grundsatzuntersuchungen zur Konstruktion passformgerechter Bekleidung für Frauen mit starken Figuren (IGF-Nr.15144). Bekleidungsphysiologisches Institut Hohenstein e.V.; Technische Universität Dresden, Institut für Textilmaschinen und Textile Hochleistungswerkstofftechnik, Abschlussbericht, 2009.

[MÜH 08] Mühlstedt, J.; Kaußler, H.; Spanner-Ulmer, B.: Programme in Menschengestalt: Digitale Menschmodelle für CAx- und PLM-Systeme. Zeitschrift für Arbeitswissenschaft, 02/2008, 2008, S. 79-86. ISSN: 0340-2444

[NAS] NASA RP 1024, Anthropometric Source Book: Volume 1: Anthropometry for Designers Anthropology Staff/Webb Associates, NASA, 7-78

[NED 10] Nedscan, http://www.nedscan.nl, 2010.

[NEU 09] Neugebauer, P.J.: Vereinigung von Punktewolken für eine effiziente Flächenrückführung. Frauenhofer Institut für Grafische Datenverarbeitung, www.igd.fhg.de, 2009.

[NOA 01] Noack, H.: Freiformkurven und -flächen in CAD-Systemen. Technical Report, Fachhochschule Hamburg, 2001.

[NOT 02] Notni, G.: Streifenprojektionstechniken. In Optische 3D-Messtechnik für die Qualitätssicherung in der Produktion. Seminar des VDI Wissensforum, Fraunhofer Allianz Vision, Fraunhofer IFF, Magdeburg, 2002.

[OPT 11] http://www.optitex.com, 2011.

[ÖZK 09] Özkul, M.; Becker, T.: Qualitätssichernde Messverfahren zur Detektion von Oberflächenmerkmalen in der Automobilindustrie, 2009.

[PAU 10] Paul, L.; Kleban, V.; Rödel, H.; Krzywinski, S.; Siegmund, J.: 3D-Konstruktion für Arbeitsschutz- und Herrenoberbekleidung (IGF 15622 BR). Berlin: Gesellschaft zur Förderung angewandter Informatik e.V., Dresden: Institut für Textilmaschinen und Textile Hochleistungswerkstofftechnik, Abschlussbericht, 2010.

[PET 06] Petrak, S.; Rogale, D.: Systematic representation and application of a 3D computer-aided garment construction method, Part I: 3D garment basic cut construction on a virtual body model, Department of Clothing Technology, Faculty of Textile Technology, University of Zagreb, Zagreb, Croatia, 2006.

[PHE 86] Pheasant, S.: Bodyspace Anthropometry Ergonomics and Design, London, Taylor & Francis, 1986.

[PRE 10] Preußer, H: Vidya - 3D Virtualisierung von Bekleidung - vom Scanatar bis zum fertigen Produkt. IMB Select. IMB Speakers Corner. Köln, 2010.

[RAI 10] Raith, S.; Eder, M.; Armbrecht, F.; Volf, A.; Kovacs, L.: Breast Volume Measurements Using 3D Surface Imiging. Proceedings for 3D Body Scanning Technologies, Lugano, 2010.

[RAS 04] Rasband, J.: Fabulous Fit: Speed Fitting and Alteration, Fairchild Publications, New York, Fairchild Publication, 2004.

[RASC 06] Raschka C.: Sportanthropologie. Leitfaden der modernen, vergleichenden Sportanthropologie, Sportanthropometrie und trainingsrelevanten Konstitutionsbiologie, Verlag Buch & Sport Strauss, Köln, 2006.

[RAU 95] Rausch, W.: Die Herrenhose Konstruktion und Gradierung. Hohensteiner Institute, D-74357 Bönnigheim, 1995.

[REU 00] Reumann, R.D.: Prüfverfahren in der Textil- und Bekleidungstechnik. Springer-Verlag Berlin, Heidelberg, 2000. ISBN 3-540-66147-6

[RIS 98] Rissiek, A: Automatisches Vermessen - das Maß aller Dinge? BW 13, S. 20 – 23, 1998.

[ROB 02] Robinette, K.; et al.: Civilian American and European surface Anthropometry Recourse (CAESAR). Final Report, 2002. AFRL-HE-WP-TR-2002-0169

[RÖD 04] Rödel, H; Krzywinski, S; Siegmund, J.: Schnittgestaltung für körpernahe Bekleidung aus Maschenwaren mit Elastangarnen (AiF-Nr. 13190 BR), Abschlussbericht, TU Dresden, 2004.

[RÖD 08] Rödel, H.; Krzywinski, S.; Siegmund, J.; Kirchdörfer, E., Mahr-Erhardt, A.; Rupp, M.: Entwicklung parametrischer virtueller Formkörper weiblicher Personen zur dreidimensionalen Konstruktion von körpernaher Bekleidung und Miederwaren. Abschlussbericht, TU Dresden, 2008.

[RÖD 96] Rödel, H.: Analyse des Standes der Konfektionstechnik in Praxis und Forschung sowie Beiträge zur Prozessmodelierung. Habilitationsschrift, Fakultät Maschinenwesen, TU Dresden, Shaker Verlag, 1996. ISBN 3-8265-1588-9

[ROE 75] Roebuck, J. A.; Kroemer, K. H.; Thomson, W. G.: Engineering Anthropometric Methods. USA: John Wiley & Sons, Inc, 1975.

[ROG 04] Рогов, П. И.; Конопальцева, Н. М.: Конструирование женской одежды для индивидуального потребителя. Учебное пособие для студентов средних учебных заведений, Издательский центр «Академия», Москва, 2004. ISBN 5-7695-1595-3

[RÖS 97] Rösler, A.; Lippmann, R.: Virtuelle Menschmodelle in der Produktentwicklung. In Spektrum der Wissenschaft, Ausgabe 9, 1997.

[SAY 04] Sayem, A.: Beitrag zur Entwicklung parametrischer virtueller weiblicher Personen zur dreidimensionalen Konstruktion von körpernaher Bekleidung und Miederwaren. Betreuer: Siegmund, J.; Krzywinski, S., Masterarbeit, TU Dresden, 2004

[SCHA 88] Schaub, K.: Entwicklung eines modularen, rechnergestützten, dreidimensionalen man models mit interaktiver Anpassung an die Arbeitsgestaltungsaufgabe. Schriftenreihe. Fortschrittsbericht Nr. 51, VDI-Reihe 17: Biotechnik, Düsseldorf, VDI-Verlag, 1988.

[SCHI 93] Schierbaum, W.: Bekleidungs-Lexikon. Schiele und Schön, 1993. ISBN 3-7949-0563-6

[SCHL 10] Schlick, M.: Industrial Engineering. Arbeitswissenschaft/Betriebsorganisation. Vorlesungsunterlagen. http://www.iaw.rwth-aachen.de/files/ie_10_ws2009.pdf

[SCHM 10] Schmauder, M.: Fernstudium Arbeitswissenschaft. Einführung. Vorlesungsunterlagen. TU Dresden, Professur Arbeitswissenschaft, 2010.

[SCHM 11] Schmauder, M.: Ergonomische Analyse und Bewertung von Produkten und Arbeitsplätzen. Infoblatt. TU Dresden, Professur Arbeitswissenschaft, 2011.

[SCHN 07] Schneider, B.: Neue Französische Reihenmessung mit 3D-Bodyscanning - Methoden, Ergebnisse, Nutzen. Vortrag, IMB-Forum, 2007.

[SCHNE 07] Schneider, B.: Neue Französische Reihenmessung mit 3D-Bodyscanning - Methoden, Ergebnisse, Nutzen. Vortrag, IMB-Forum, 2007.

[SCHNI 90] Schnittkonstruktion, Modeinstitut der DDR, Atelier Konfektion, Berlin, 1990.

[SCHÖ 09] Schöne, Ch.: Reverse Engineering für Freiformflächen in Prozessketten der Produktionstechnik. Habilitationsschrift, Fakultät Maschinenwesen, TU Dresden, Hut-Verlag, 2009. ISBN 978-3-86853-103-9

[SCHÖ 10] Schöne, Ch.: 3D-Digitalisierung und Reverse Engineering. Vorlesungsunterlagen. TU Dresden, 2010.

[SCHR 03] Schrader, K.: Entwurf und Realisierung eines Ergonomie-Mock-Ups unter Verwendung von Methoden der Virtuellen Realität. Dissertation. FB für Mathematik und Informatik der TU Braunschweig, 2003.

[SCHU 01] Schumann, S.: Methoden zur Optimierung des Austausches von Geometrie- und Parametrikdaten. Dissertation, Otto-von-Guericke-Universität, Fakultät für Maschinenbau, Magdeburg, 2001.

[SCHU 01] Schumacher, G.-H.; Aumüller, G.: Topographische Anatomie des Menschen, Urban & Fischer Verlag, 2004. ISBN 978-3437413674

[SCHW 97] Schwarte, R.: Überblick und Vergleich aktueller Verfahren der optischen Formerfassung. GMA-Bericht, 1997.

[SEI 01] Seidl, A.; Mecheels, S.; Wauer, G.; Bruder, W.: Zukunft Maßkonfektion, Technik, Markt und Management, Deutscher Fachverlag, 2001.

[SEI 03] Seitz, T.: Videobasierte Messung menschlicher Bewegungen konform zum Menschmodell RAMSIS. Dissertation. Fakultät Maschinenwesen der TU München, 2003.

[SEI 99] Seitz, T.; Pfeiffer, E.; Bubb, H.: 3-D-Menschmodellierung in Schwerelosigkeit. In: Tagungsband zur DGLR-Jahrestagung, Berlin, 27. Sep. - 1. Okt., 1999.

[SEO 07] Seo, B.H.; Cordier, F.; Hong, K.: A breast modeller based on analysis of breast scans. Computer animation and virtual worlds, Nr.18, 2007 www. interscience.wiley.com, 2011.

[SHEL 40] Sheldon, W.; Stevens, S. S.; Tucker, W. B.: The varieties of human physique: An introduction to constitutional psychology. Darien, Conn.: Hafner, 1940.

[SIE 07] Siegmund, J.; Krzywinski, S.; Kirchdörfer, E.; Mahr-Erhardt, A.: Entwicklung parametrischer virtueller Formkörper - 3D Konstruktionen von Miederwaren. Textile network 7/8, S. 21-26, 2007.

[SIE 08] Siegmund, J.; Krzywinski, S.; Kirchdörfer, E.; Mahr-Erhardt, A.: Entwicklung parametrischer virtueller Formkörper, Skalierbare Formen für den Rumpf. Textile network 6, S.17-21, 2008.

[SIM 02] Simmons, K. P.: Body Shape Analysis Using Three-Dimensional Body Scanning Technology, Dissertation, North Carolina State University, 2002.

[SIM 03] Simmons, K. P.; Istook, C.: Comparing 3D body-scanning and anthropometric methods for apparel applications. Journal of Fashion Marketing and Management, Vol. 7, No. 3, 2003.

[SIZEG 10] Deutsche Reihenmessung SizeGermany, http://www.sizegermany.de/presse.php, 2010

[SIZEU 10] Size USA, http://www.sizeusa.com, 2010.

[SMI 03] Smith, D.: A Framework for Understanding the Training Process Leading to Elite Performance, Sports. Medicine, Vol. 33, Nr. 15, S. 1103-1126, 2003.

[SOL 06] Solaeva, L.: Beitrag zur Entwicklung parametrischer virtueller Formkörper weiblicher Personen zur 3D-Konstruktion – Schwerpunkt CUP-Skalierung. Betreuer: Siegmund, J.; Krzywinski, S., Masterarbeit, TU Dresden, 2006

[SPA 10] Spanner-Ulmer, B., Mühlstedt, J.: Digitale Menschmodelle als Werkzeuge virtueller Ergonomie. Industrie Management Nr. 26, 2010.

[STI 97] Stiegler, M.: Schnittkonstruktionen für Kleider und Blusen. System Müller & Sohn. Rundschau-Verlag Otto G. Königer GmbH & Co., 22. Auflage, München 1997.

[SYM 10] http://www.symcad.de, 2010.

[TAM 08] Tamas, P.; Halasz, M.: Relationship Between Basic Body Sizes and Body Shape. 4th International Textile, Clothing & Design Conference – Magic World of Textiles, Croatien, 2008.

[TC2 10] http://www.tc2.com, 2010.

[TEC 10] http://www.hs.tecmath.de/download/pdf/anthropos_d.pdf, 2010

[THA 04] Thalmann, M. N.; Seo, H.; Cordier, F.: Automatic Modeling of Animatable Virtual Humans and Body Clothing, MIRAlab, University of Geneva, 2004

[TIZ 99] Tiziani, H.: Aktuelle Entwicklungen auf dem Gebiet der 3D-Form- und Oberflächenvermessung. DGZfP Fachtagung Optische Formerfassung, Stuttgart, 5–6. Oktober, 1999, S. 193–208

[TÖN 94] Tönnies, K.D.; Lemke, H.U.: 3D-Computergrafische Darstellung, Oldenburg Verlag GmbH, 1994.

[TOP 11] http://www.topsolid.de, 2011.

[TOR 93] Toriya, H.; Chiyokura H.:3D CAD principles and application, Springer Verlag, Berlin, 1993.

[TPC 10] http://www.tpc-intl.com, 2010.

[UJE 08] Ujevic, D.; Domjanic, Z.; Rogina-Car, B.: Anthropometric measurements for bra construction. 4th International Textile, Clothing & Design Conference – Magic World of Textiles, Croatien, 2008

[VIO 09] Viola, G.: Le legge de correlazione morfologica dei tappi individuali. Padova, 1909.

[VITR 10] http://www.vitronic.de, 2010.

[VITU 10] http://www.vitus.de, 2010.

[VOX 10] www.voxelan.co.jp, 2010.

[WAN 02] Wang, C. L.; Wang, Y.; Yuen, M. F.: Featured based 3D garment design through 2D sketches. Computer-Aided Design, 2002, Vol. 35, p. 659-672.

[WAN 05] Wang, C. L.; Wang, Y.; Yuen, M. F.: Design automation for customized apparel products. Computer-Aided Design, 2005, Volume 37, p. 675-691.

[WAN 07] Wang, J. P.; Zhang, W.Y.: An approach to predicting bra cup dart quantity in the 3D virtual environment. International Journal of Clothing Science and Technology, V. 5, Nr. 5, 2007.

[WAN 09] Wandland, C.: Anatomisch korrekt und 3D. CAD-Modelle des menschlichen Körpers. Digital Engineering Magazin, WIN-Verlag GmbH&Co. KG, Ausgabe 5, 2009.

[WANG 09] Wang, J.; Lu, G.; Li, W.; Chen, L., Sakaguti, Y.: Interactive 3D garment design with constrained contour curves and style curves. Computer-Aided Design, 2009, Volume 41, Issue 9, p. 614-625.

[WER 06] Wernicke, K.: Vergleich von 3D-Scandaten, die zu unterschiedlichen Zeitpunkten aufgenommen wurden - Erprobung am Beispiel des Gesichtsscanners, Studienarbeit, TU Dresden, Institut für Maschinenelemente und Maschinenkonstruktion, 2006.

[WIN 97] Winks, J.: Clothing Sizes – International Standardization, Manchester, The Textile Institute, 1997.

[WIR 02] Wirth, J.: Rapid Modeling. Carl Hanser Verlag, München, 2002. ISBN 3-446-21380-5

[WWL 10] http://www.wwl.co.uk, 2010.

[YU 04] Yu, W.: Human anthropometrics and sizing systems. Clothing appearance and fit: Science and technology, 2004. ISBN 0-8493-2594-3

[ZAV 95] Zavodnik, R.; Kopp, H.: Graphische Datenverarbeitung. Grundzüge und Anwendungen. Carl Hansen Verlag München Wien, 1995.

[ZHA 04] Zhang, B.; Molenbroek, J.F.M.: Representation of a human head with bi-cubic B-splines technique based on the laser scanning technique in 3D surface anthropometry. Applied Ergonomics Nr. 35, 2004, www.elsevier.com, 2010.

[ZIH 98] Zihlmann, K.: UNICUT Schnittsystem nach Robert Rähle. Schweizerische Textil-, Bekleidungs- und Modefachschule, GRAFIS Handbuch, 1998.

Tabellenverzeichnis

Abbildungsverzeichnis

Anlagenverzeichnis

Anlage 1: Figurtypologie

- Figurtypologie der französischen Reihenmessung

Auf der IMB 2006 und im Rahmen des IMB-Forums 2007 wurden die Ergebnisse der neuen französischen Reihenmessung vorgestellt [SCHN 07]. Es wurden 5104 Frauen im Alter von 18 bis 70 Jahre vermessen. Anhand der Reihenmessungen wurden folgende Figurtypologien ermittelt. Die Typisierung erfolgt dabei vor allem auf Basis des Körpers unterhalb der Hüfte bis oberhalb der Brust.

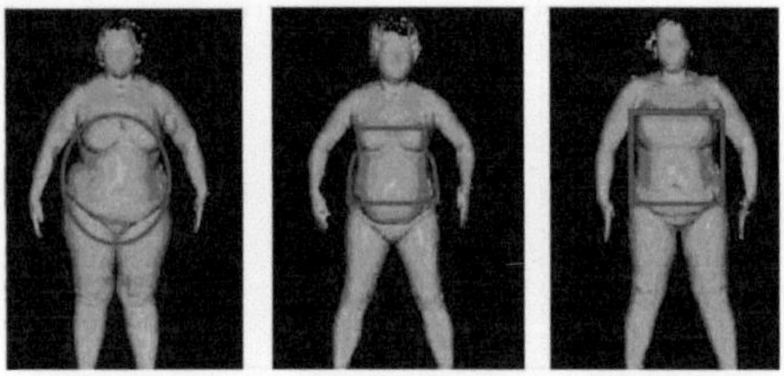

Oval Large Spoon Rectangular

Abbildung A1-1: Beispiele der Figurtypologie: Brust- Hüfte; Links: Figurtyp „Oval"; Mitte: Figurtyp „Large Spoon", Rechts: Figurtyp „Rectangular" [SCHN 07]

Die Abbildung A1-1, Links stellt den so genannten „Oval"- Typ dar. Dazu gehören überwiegend ältere Frauen mit hohem BMI. Die Abbildung A1-1, Mitte zeigt den „Large Spoon"- Typ. Das sind vorrangig übergewichtige und korpulente Frauen der Körpergröße 48, 50, 52 mit kleinerer Körperhöhe. Die Abbildung A1-1, Rechts stellt den „Rectangular"- Typ dar. Zu diesem Typ zählen überwiegend ältere Frauen mit normaler Körperhöhe und hohem BMI der Körpergrößen. 52, 54.

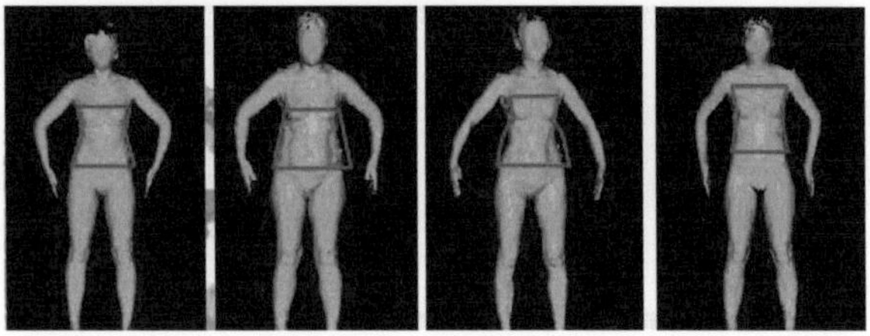

Bottom Hourglass Trapezoid Small Spoon Hourglass

Abbildung A1-2: Beispiele der Figurtypologie: Brust- Hüfte; Links: Figurtyp „Bottom Hourglass"; zweite von Links: Figurtyp „Trapezoid"; dritte von Links: Figurtyp „Small Spoon"; Rechts: Figurtyp „Hourglass" [SCHN 07]

Die Abbildung A1-2, Links zeigt den so genannten „Bottom Hourglass"- Typ. Das sind überwiegend große Frauen zwischen 36 und 45 Jahren mit normalem BMI. Die Abbildung A1-2, zweite von Links stellt den „Trapezoid"– Typ dar. Das sind überwiegend ältere Frauen mit Übergewicht der Körpergröße 44, 46, 48. Die Abbildung A1-2, dritte von Links zeigt den „Small Spoon" Typ dar. Dazu gehören überwiegend junge Frauen mit normalem BMI der Körpergröße 38, 40. Abbildung A1-2, Rechts zeigt den „Hourglass"- Typ. Dieser Typ wird überwiegend von jungen kleinen Frauen mit normalem BMI besetzt [SCHN 07].

- Figurtypologie nach SIMMONS

SIMMONS hat Ihre Arbeit „Body Shape Analysis Using Three-Dimensional Body Scanning Technology" den Körperformen und Proportionen der weiblichen amerikanischen Bevölkerung gewidmet [SIM 02].

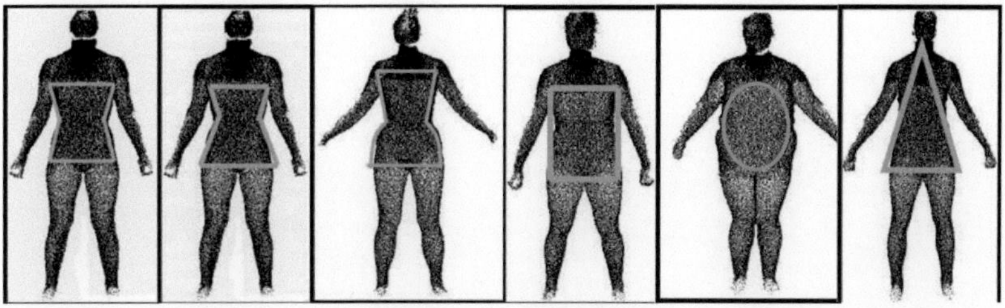

Abbildung A1-3: Figurtypologie nach SIMMONS; Beispiele für Hourglass Shape, Bottom Hourglass Shape, Spoon Shape, Rectangle Shape, true Oval Shape und Triangle Shape [SIM 02]

Vergleichsbeispiele verschiedenen Figurtypen sind in der Abbildung A1-4 dargestellt.

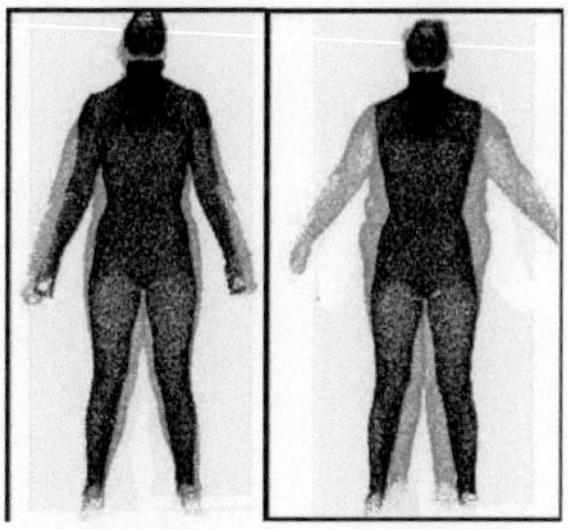

Abbildung A1-4: Vergleichsbeispiele; Links: Rectangle Body Shape (gelb) und Hourglass Body Shape (schwarz); Rechts: Oval Body Shape (gelb) und Hourglass Body Shape (schwarz) [SIM 02]

- Figurtypologie nach RASBAND

In der Klassifikation von RASBAND sind folgende Figurtypen dargestellt: ideal, triangular, inverted triangular, rectangular, hourglass, diamond-shaped, tubular and rounded [RAS 04]. Abbildung 5 zeigt sechs von benannten Figurtypen.

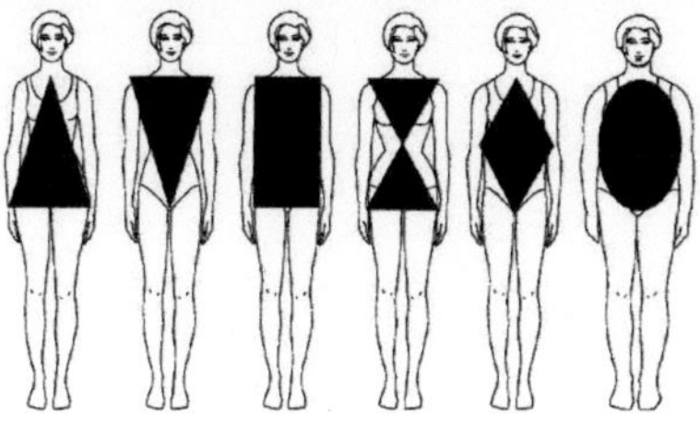

Abbildung A1-5: Figurtypologie nach RASBAND; Beispiele für Triangle Shape, Inverted triangle Shape, Rectangle Shape, Hourglass Shape, Diamond Shape, Rounded Shape [RAS 04]

Anlage 2: Scansysteme

Tabelle A2-1: 3D-Bodyscanner

Hersteller	Produkt	Erfassungsverfahren	Erfassungszeit
Cyberware Inc., USA [CYB 10]	WB4, WBX	Lichtschnittverfahren (Laser)	<17 sec.
Hamamatsu Photonics GmbH, Japan [HAM 10]	Body Line Scanner	Lichtschnittverfahren (Laser)	6 bis 11 sec. (je nach Präzision)
[TC]², USA [TC2 10]	3T6, 2T4s, LC-12, nx16	Lichtvolumen (Streifenprojektion, Weißlicht)	< 8 sec.
Telmat Industrie, Frankreich [SYM 10]	SYMCAD, Turbo Flash/3D	Aufnahmen für 2D, Streifenprojektion	< 2,5 sec.
Vitronic/ Human Solutions, Deutschland [VITU 10]	Vitus Smart LC, XXL	Lichtschnittverfahren (Laser)	6-20 sec. (je nach Präzision)
Wicks & Wilson, Großbritannien [WWL 10]	TriForm	Lichtvolumen (Streifenprojektion, Weißlicht)	<10 sec.
Gfal, Deutschland [GFA 10]	BodyFit 3D	Kontur- und Lichtschnittverfahren, Weißlicht	0,5 sec. je Position, 1,5 min für Komplettmessung
InSpeck, Kanada [INS 10]	3D Full/Half Body, Multi/Single Head	Lichtvolumen (Streifenprojektion)	1 sec.
Hamano Engineering Co., Japan [VOX 10]	Voxelan LPW-2000FW, 1800W, 1100FW, HEV-300M,HEW-250	Lichtschnittverfahren (Laser)	10-15 sec. je nach Scanner/Mess-position
CadModelling Ergonomics s.r.l., Italien [CAD 11]	Body-ScanFit	Lichtschnittverfahren (Laser)	ca. 4 sec.

Anlage 3: MATLAB®-Skript

```
s11=spline(x1_75B_0142,y1_75B_0142);
s12=spline(x2_75B_0142,y2_75B_0142);
s21=spline(x1_75B_0508,y1_75B_0508);
s22=spline(x2_75B_0508,y2_75B_0508);
s31=spline(x1_75B_0749,y1_75B_0749);
s32=spline(x2_75B_0749,y2_75B_0749);
s41=spline(x1_75B_1017,y1_75B_1017);
s42=spline(x2_75B_1017,y2_75B_1017);
s51=spline(x1_75B_1047,y1_75B_1047);
s52=spline(x2_75B_1047,y2_75B_1047);
s61=spline(x1_75B_1187,y1_75B_1187);
s62=spline(x2_75B_1187,y2_75B_1187);

minima=zeros(6,2);
maxima=zeros(6,2);

minima(1,1)=floor(10*min(x1_75B_0142))/10;
minima(1,2)=floor(10*min(x2_75B_0142))/10;
minima(2,1)=floor(10*min(x1_75B_0508))/10;
minima(2,2)=floor(10*min(x2_75B_0508))/10;
minima(3,1)=floor(10*min(x1_75B_0749))/10;
minima(3,2)=floor(10*min(x2_75B_0749))/10;
minima(4,1)=floor(10*min(x1_75B_1017))/10;
minima(4,2)=floor(10*min(x2_75B_1017))/10;
minima(5,1)=floor(10*min(x1_75B_1047))/10;
minima(5,2)=floor(10*min(x2_75B_1047))/10;
minima(6,1)=floor(10*min(x1_75B_1187))/10;
minima(6,2)=floor(10*min(x2_75B_1187))/10;

maxima(1,1)=ceil(10*max(x1_75B_0142))/10;
maxima(1,2)=ceil(10*max(x2_75B_0142))/10;
maxima(2,1)=ceil(10*max(x1_75B_0508))/10;
maxima(2,2)=ceil(10*max(x2_75B_0508))/10;
maxima(3,1)=ceil(10*max(x1_75B_0749))/10;
maxima(3,2)=ceil(10*max(x2_75B_0749))/10;
maxima(4,1)=ceil(10*max(x1_75B_1017))/10;
maxima(4,2)=ceil(10*max(x2_75B_1017))/10;
maxima(5,1)=ceil(10*max(x1_75B_1047))/10;
maxima(5,2)=ceil(10*max(x2_75B_1047))/10;
maxima(6,1)=ceil(10*max(x1_75B_1187))/10;
maxima(6,2)=ceil(10*max(x2_75B_1187))/10;


k=1;
for i=minima(1,1):0.1:maxima(1,1)
   sp11(k,1)=i;
   sp11(k,2)=ppval(s11,i);
   k=k+1;
end
```

```
k=1;
for i=minima(1,2):0.1:maxima(1,2)
   sp12(k,1)=i;
   sp12(k,2)=ppval(s12,i);
   k=k+1;
end

k=1;
for i=minima(2,1):0.1:maxima(2,1)
   sp21(k,1)=i;
   sp21(k,2)=ppval(s21,i);
   k=k+1;
end

k=1;
for i=minima(2,2):0.1:maxima(2,2)
   sp22(k,1)=i;
   sp22(k,2)=ppval(s22,i);
   k=k+1;
end

k=1;
for i=minima(3,1):0.1:maxima(3,1)
   sp31(k,1)=i;
   sp31(k,2)=ppval(s31,i);
   k=k+1;
end

k=1;
for i=minima(3,2):0.1:maxima(3,2)
   sp32(k,1)=i;
   sp32(k,2)=ppval(s32,i);
   k=k+1;
end

k=1;
for i=minima(4,1):0.1:maxima(4,1)
   sp41(k,1)=i;
   sp41(k,2)=ppval(s41,i);
   k=k+1;
end

k=1;
for i=minima(4,2):0.1:maxima(4,2)
   sp42(k,1)=i;
   sp42(k,2)=ppval(s42,i);
   k=k+1;
end

k=1;
```

```
for i=minima(5,1):0.1:maxima(5,1)
   sp51(k,1)=i;
   sp51(k,2)=ppval(s51,i);
   k=k+1;
end

k=1;
for i=minima(5,2):0.1:maxima(5,2)
   sp52(k,1)=i;
   sp52(k,2)=ppval(s52,i);
   k=k+1;
end

k=1;
for i=minima(6,1):0.1:maxima(6,1)
   sp61(k,1)=i;
   sp61(k,2)=ppval(s61,i);
   k=k+1;
end

k=1;
for i=minima(6,2):0.1:maxima(6,2)
   sp62(k,1)=i;
   sp62(k,2)=ppval(s62,i);
   k=k+1;
end

plot(sp11(:,1),sp11(:,2));hold on;
plot(sp12(:,1),sp12(:,2));hold on;
plot(sp21(:,1),sp21(:,2));hold on;
plot(sp22(:,1),sp22(:,2));hold on;
plot(sp31(:,1),sp31(:,2));hold on;
plot(sp32(:,1),sp32(:,2));hold on;
plot(sp41(:,1),sp41(:,2));hold on;
plot(sp42(:,1),sp42(:,2));hold on;
plot(sp51(:,1),sp51(:,2));hold on;
plot(sp52(:,1),sp52(:,2));hold on;
plot(sp61(:,1),sp61(:,2));hold on;
plot(sp62(:,1),sp62(:,2));hold on;


mi_1=min(minima(:,1));
mi_2=min(minima(:,2));
ma_1=max(maxima(:,1));
ma_2=max(maxima(:,2));

count=ones(6,1);
m=1;
for i=mi_1:0.1:ma_1
   k=0;
   temp=0;
```

```
    if and(i>=minima(1,1),i<=maxima(1,1))
      temp=temp+sp11(count(1,1),2);
      k=k+1;
      count(1,1)=1+ count(1,1);
    end
    if and(i>=minima(2,1),i<=maxima(2,1))
      temp=temp+sp21(count(2,1),2);
      k=k+1;
      count(2,1)=1+ count(2,1);
    end
    if and(i>=minima(3,1),i<=maxima(3,1))
      temp=temp+sp31(count(3,1),2);
      k=k+1;
      count(3,1)=1+ count(3,1);
    end
    if and(i>=minima(4,1),i<=maxima(4,1))
      temp=temp+sp41(count(4,1),2);
      k=k+1;
      count(4,1)=1+ count(4,1);
    end
    if and(i>=minima(5,1),i<=maxima(5,1))
      temp=temp+sp51(count(5,1),2);
      k=k+1;
      count(5,1)=1+ count(5,1);
    end
    if and(i>=minima(6,1),i<=maxima(6,1))
      temp=temp+sp61(count(6,1),2);
      k=k+1;
      count(6,1)=1+ count(6,1);
    end
    mean_1(m,1)=i;
    mean_1(m,2)=temp/k;
    m=m+1;
end

p=plot(mean_1(:,1),mean_1(:,2));hold on;
set(p,'Color','red','LineWidth',2)

count=ones(6,1);
m=1;
for i=mi_2:0.1:ma_2
    k=0;
    temp=0;
    if and(i>=minima(1,2),i<=maxima(1,2))
      temp=temp+sp12(count(1,1),2);
      k=k+1;
      count(1,1)=1+ count(1,1);
    end
    if and(i>=minima(2,2),i<=maxima(2,2))
      temp=temp+sp22(count(2,1),2);
      k=k+1;
```

```
        count(2,1)=1+ count(2,1);
    end
    if and(i>=minima(3,2),i<=maxima(3,2))
        temp=temp+sp32(count(3,1),2);
        k=k+1;
        count(3,1)=1+ count(3,1);
    end
    if and(i>=minima(4,2),i<=maxima(4,2))
        temp=temp+sp42(count(4,1),2);
        k=k+1;
        count(4,1)=1+ count(4,1);
    end
    if and(i>=minima(5,2),i<=maxima(5,2))
        temp=temp+sp52(count(5,1),2);
        k=k+1;
        count(5,1)=1+ count(5,1);
    end
    if and(i>=minima(6,2),i<=maxima(6,2))
        temp=temp+sp62(count(6,1),2);
        k=k+1;
        count(6,1)=1+ count(6,1);
    end
    mean_2(m,1)=i;
    mean_2(m,2)=temp/k;
    m=m+1;
end

p=plot(mean_2(:,1),mean_2(:,2));hold on;
set(p,'Color','red','LineWidth',2)

a1=sort(minima(:,1));
a2=sort(minima(:,2));
a3=sort(maxima(:,1));
a4=sort(maxima(:,2));

rel_mi_1=a1(3);
rel_mi_2=a2(3);
rel_ma_1=a3(4);
rel_ma_2=a4(4);

count=ones(6,1);
m=1;
for i=mi_1:0.1:ma_1
    k=0;
    temp=0;
    if and(i>=minima(1,1),i<=maxima(1,1))
        temp=temp+sp11(count(1,1),2);
        k=k+1;
        count(1,1)=1+ count(1,1);
    end
    if and(i>=minima(2,1),i<=maxima(2,1))
```

```
        temp=temp+sp21(count(2,1),2);
        k=k+1;
        count(2,1)=1+ count(2,1);
    end
    if and(i>=minima(3,1),i<=maxima(3,1))
        temp=temp+sp31(count(3,1),2);
        k=k+1;
        count(3,1)=1+ count(3,1);
    end
    if and(i>=minima(4,1),i<=maxima(4,1))
        temp=temp+sp41(count(4,1),2);
        k=k+1;
        count(4,1)=1+ count(4,1);
    end
    if and(i>=minima(5,1),i<=maxima(5,1))
        temp=temp+sp51(count(5,1),2);
        k=k+1;
        count(5,1)=1+ count(5,1);
    end
    if and(i>=minima(6,1),i<=maxima(6,1))
        temp=temp+sp61(count(6,1),2);
        k=k+1;
        count(6,1)=1+ count(6,1);
    end
    if and(i>=rel_mi_1,i<=rel_ma_1)
        mean_3(m,1)=i;
        mean_3(m,2)=temp/k;
        m=m+1;
    end
end

p=plot(mean_3(:,1),mean_3(:,2));hold on;
set(p,'Color','green','LineWidth',2)

count=ones(6,1);
m=1;
for i=mi_2:0.1:ma_2
    k=0;
    temp=0;
    if and(i>=minima(1,2),i<=maxima(1,2))
        temp=temp+sp12(count(1,1),2);
        k=k+1;
        count(1,1)=1+ count(1,1);
    end
    if and(i>=minima(2,2),i<=maxima(2,2))
        temp=temp+sp22(count(2,1),2);
        k=k+1;
        count(2,1)=1+ count(2,1);
    end
    if and(i>=minima(3,2),i<=maxima(3,2))
        temp=temp+sp32(count(3,1),2);
```

```
        k=k+1;
        count(3,1)=1+ count(3,1);
    end
    if and(i>=minima(4,2),i<=maxima(4,2))
        temp=temp+sp42(count(4,1),2);
        k=k+1;
        count(4,1)=1+ count(4,1);
    end
    if and(i>=minima(5,2),i<=maxima(5,2))
        temp=temp+sp52(count(5,1),2);
        k=k+1;
        count(5,1)=1+ count(5,1);
    end
    if and(i>=minima(6,2),i<=maxima(6,2))
        temp=temp+sp62(count(6,1),2);
        k=k+1;
        count(6,1)=1+ count(6,1);
    end
    if and(i>=rel_mi_2,i<=rel_ma_2)
        mean_4(m,1)=i;
        mean_4(m,2)=temp/k;
        m=m+1;
    end
end

p=plot(mean_4(:,1),mean_4(:,2));hold off;
set(p,'Color','green','LineWidth',2)
```

Anlage 4: Datentabelle, Beispiel uBU 70, CUP A

Körpermaß	Bezeichnung	Wert, [mm]
HalsUmfEnd	HalsUmfEnd_m	350,62
HalsUmfang	HalsUmf_m	347,00
Hals	Ha_m	504,46
Schulter	Schu_m	744,25
Oberbrustumfang/Schulter	oBU_Schu_m	947,54
5,0 cm Oberbrustumfang	cm_oBU_m	983,05
Oberbrustumfang	oBU_m	855,65
Oberbrustumfang/Brustumfang	oBU_BU_m	855,15
Brustumfang	BU_m	841,95
Brustumfang-Messwert	BUmess_m	830,00
Brustumfang/Unterbrustumfang	BU_uBU_m	766,59
Unterbrustumfang	uBU_m	700,00
1/2 Unterbrustumfang/Taillenumfang	uBU_TU_m	682,36
Taillenumfang	TU_m	675,00
tiefste Stelle	tiefSt_m	698,76
Nabelstellenumfang	Nab_m	741,62
Bauch/Knöchel	Ba_Knöch_m	809,06
1/3 Bauch/Hüftumfang	Ba_HU_m	872,26
Hüftumfang	HU_m	935,00
1/2 Hüftumfang/Schritt	HU_Schr_m	960,06
Schritt ganz	Schr_ga_m	1086,28
Schritt getrennt	Schr_ge_m	574,21
1,5 cm v. Schritt	cm_Schr_m	550,20

		3,5 cm u. uBU (10.-1 bis 1._1)		
X10._1	0,00	0,00	157,17	35,00
Y10._1	157,17	42,19	162,09	35,00
Z10._1	30,00	85,49	149,56	35,00
X9._1	42,19	113,44	121,70	35,00
Y9._1	162,09	125,75	94,97	35,00
Z9._1	30,00	123,48	75,02	35,00
X8._1	85,49	117,65	52,67	35,00
Y8._1	149,56	84,63	16,93	35,00
Z8._1	30,00	42,62	-4,66	35,00
X7._1	113,44	0,00	-8,82	35,00
Y7._1	121,70			
Z7._1	30,00			
X6._1	124,75			
Y6._1	94,97			
Z6._1	30,00			
X5._1	123,48			
Y5._1	75,02			
Z5._1	30,00			
X4._1	117,65			
Y4._1	52,67			
Z4._1	30,00			
X3._1	84,63			
Y3._1	16,93			
Z3._1	30,00			
X2._1	42,62			
Y2._1	-4,66			
Z2._1	30,00			
X1._1	0,00			
Y1._1	-8,82	uBU (11.1 bis 1.1)		
Z1._1	30,00			
X11.1	0,00	0,00	165,32	0,00
Y11.1	165,32	42,62	172,07	0,00
Z11.1	0,00	85,40	159,82	0,00
X10.1	42,62	122,17	123,03	0,00

Y10.1	172,07	128,71	99,06	0,00
Z10.1	0,00	127,45	75,03	0,00
X9.1	85,40	121,90	60,30	0,00
Y9.1	159,82	120,90	59,00	0,00
Z9.1	0,00	83,00	16,10	0,00
X8.1	122,17	41,50	2,70	0,00
Y8.1	123,03	0,00	0,00	0,00
Z8.1	0,00			
X7.1	128,71			
Y7.1	99,06			
Z7.1	0,00			
X6.1	127,45			
Y6.1	75,03			
Z6.1	0,00			
X5.1	121,90			
Y5.1	60,30			
Z5.1	0,00			
X4.1	120,90			
Y4.1	58,50			
Z4.1	0,00			
X3.1	83,00			
Y3.1	16,10			
Z3.1	0,00			
X2.1	41,50			
Y2.1	2,70			
Z2.1	0,00			
X1.1	0,00			
Y1.1	0,00			
Z1.1	0,00			

uBU/BU (11.2 bis 1.2)

X11.2	0,00	0,00	171,46	-18,30
Y11.2	171,46	42,63	176,65	-18,30
Z11.2	-18,00	85,50	165,62	-18,30
X10.2	42,63	124,91	130,00	-18,30
Y10.2	176,65	134,80	96,95	-18,30
Z10.2	-18,00	131,43	76,01	-18,30
X9.2	85,50	124,50	59,00	-18,30
Y9.2	165,62	121,40	43,10	-18,30
Z9.2	-18,00	83,00	-9,30	-18,30
X8.2	124,91	41,60	-7,10	-18,30
Y8.2	130,00	0,00	-4,90	-18,30
Z8.2	-18,00			
X7.2	134,80			
Y7.2	96,95			
Z7.2	-18,00			
X6.2	131,43			
Y6.2	76,01			
Z6.2	-18,00			
X5.2	126,50			
Y5.2	59,00			
Z5.2	-18,00			
X4.2	121,40			
Y4.2	43,10			
Z4.2	-18,00			
X3.2	83,00			
Y3.2	-9,30			
z3.2	-18,00			
X2.2	41,60			
Y2.2	-7,10			
Z2.2	-18,00			
X1.2	0,00			
Y1.2	-0,90			
Z1.2	-18,00			

BU (12.3 bis 1.3)

X12.3	0,00	0,00	177,25	-52,50
Y12.3	177,25	42,44	184,01	-52,50
Z12.3	-52,50	85,54	178,97	-52,50
X11.3	42,44	124,87	152,55	-52,50
Y11.3	184,01	138,76	125,10	-52,50
Z11.3	-52,50	143,20	98,36	-52,50
X10.3	85,54	144,13	75,28	-52,50
Y10.3	178,97	135,20	59,10	-52,50
Z10.3	-52,50	121,20	6,10	-52,50
X9.3	124,87	82,90	-21,80	-52,50
Y9.3	152,55	41,50	-19,70	-52,50
Z9.3	-52,50	0,00	-10,50	-52,50
X8.3	138,76			
Y8.3	125,10			

Z8.3	-52,50
X7.3	143,20
Y7.3	98,36
Z7.3	-52,50
X6.3	141,13
Y6.3	75,28
Z6.3	-52,50
X5.3	136,20
Y5.3	59,10
Z5.3	-52,50
X4.3	120,00
Y4.3	6,10
Z4.3	-52,50
X3.3	82,90
Y3.3	-19,50
Z3.3	-52,50
X2.3	41,50
Y2.3	-19,70
Z2.3	-52,50
X1.3	0,00
Y1.3	-5,50
Z1.3	-52,50

BU/oBU (12.4 bis 1.4)

0,00	182,02	-85,80
42,69	191,15	-85,80
85,52	187,84	-85,80
124,83	163,78	-85,80
148,80	124,05	-85,80
147,33	97,97	-85,80
145,09	76,94	-85,80
135,20	59,20	-85,80
121,40	20,00	-85,80
83,00	-10,20	-85,80
41,50	-8,50	-85,80
0,00	9,70	-85,80

X12.4	0,00
Y12.4	182,02
z12.4	-85,80
X11.4	42,69
Y11.4	191,15
Z11.4	-85,80
X10.4	85,52
Y10.4	187,84
Z10.4	-85,80
X9.4	124,83
Y9.4	163,78
Z9.4	-85,80
X8.4	148,80
Y8.4	124,05
Z8.4	-85,80
X7.4	147,33
Y7.4	97,97
Z7.4	-85,80
X6.4	143,09
Y6.4	76,94
Z6.4	-85,80
X5.4	137,20
Y5.4	59,20
Z5.4	-85,80
X4.4	121,40
Y4.4	20,00
Z4.4	-85,80
X3.4	83,00
Y3.4	-10,20
Z3.4	-85,80
X2.4	41,50
Y2.4	-8,50
Z2.4	-85,80
X1.4	0,00
Y1.4	9,70
Z1.4	-85,80

oBU (14.5 bis 1.5)

0,00	181,72	-118,60
42,58	194,29	-118,60
85,59	193,68	-118,60
123,31	178,65	-118,60
156,24	154,09	-118,60
158,31	112,91	-118,60
152,67	103,47	-118,60
152,35	81,32	-118,60
153,25	75,12	-118,60
145,90	58,70	-118,60
121,70	35,50	-118,60
82,80	12,50	-118,60
41,80	10,30	-118,60
0,00	16,40	-118,60

X14.5	0,00
Y14.5	181,72
Z14.5	-118,00
X13.5	42,58
Y13.5	194,29
Z13.5	-118,00
X12.5	85,59
Y12.5	193,68
Z12.5	-118,00
X11.5	123,31
Y11.5	178,65
Z11.5	-118,00
X10.5	151,24
Y10.5	154,09
Z10.5	-118,00
X9.5	158,31
Y9.5	112,91
Z9.5	-118,00
X8.5	152,67

Y8.5	103,47
Z8.5	-118,00
X7.5	152,35
Y7.5	81,32
Z7.5	-118,00
X6.5	153,25
Y6.5	75,12
Z6.5	-118,00
X5.5	145,90
Y5.5	58,70
Z5.5	-118,00
X4.5	121,70
Y4.5	35,50
Z4.5	-118,00
X3.5	82,80
Y3.5	12,50
Z3.5	-118,00
X2.5	41,80
Y2.5	10,30
Z2.5	-118,00
X1.5	0,00
Y1.5	16,40
Z1.5	-118,00

oBU 5 cm (13.6 bis 1.6)

X13.6	0,00	0,00	173,80	-176,25
Y13.6	173,80	43,28	182,30	-176,25
Z13.6	-176,25	85,58	192,46	-176,25
X12.6	43,28	124,81	177,36	-176,25
Y12.6	186,30	157,78	162,94	-176,25
Z12.6	-176,25	212,12	129,35	-176,25
X11.6	85,58	217,94	102,61	-176,25
Y11.6	192,46	209,29	79,80	-176,25
Z11.6	-176,25	159,53	56,15	-176,25
X10.6	124,81	124,93	43,09	-176,25
Y10.6	177,36	85,37	35,67	-176,25
Z10.6	-176,25	42,55	27,86	-176,25
X9.6	157,78	0,00	25,15	-176,25
Y9.6	162,94			
Z9.6	-176,25			
X8.6	212,12			
Y8.6	129,35			
Z8.6	-176,25			
X7.6	217,94			
Y7.6	102,61			
Z7.6	-176,25			
X6.6	209,29			
Y6.6	79,80			
Z6.6	-176,25			
X5.6	159,53			
Y5.6	56,15			
Z5.6	-176,25			
X4.6	124,93			
Y4.6	43,09			
Z4.6	-176,25			
X3.6	85,37			
Y3.6	35,67			
Z3.6	-176,25			
X2.6	42,55			
Y2.6	27,86			
Z2.6	-176,25			
X1.6	0,00			
Y1.6	23,15			
Z1.6	-176,25			

oBU/ Schulter (13.7 bis 1.7)

X13.7	0,00	0,00	155,46	-213,50
Y13.7	161,46	43,05	167,39	-213,50
Z13.7	-213,50	85,98	177,36	-213,50
X12.7	43,05	124,26	166,18	-213,50
Y12.7	171,39	161,36	151,13	-213,50
Z12.7	-213,50	200,22	128,27	-213,50
X11.7	85,98	208,58	100,26	-213,50
Y11.7	183,36	199,51	78,02	-213,50
Z11.7	-213,50	160,66	57,64	-213,50
X10.7	124,26	124,23	52,98	-213,50
Y10.7	170,18	85,98	41,88	-213,50
Z10.7	-213,50	42,99	28,21	-213,50
X9.7	161,36	0,00	25,91	-213,50
Y9.7	154,13			
Z9.7	-213,50			

X8.7	200,22
Y8.7	128,27
Z8.7	-213,50
X7.7	208,58
y7.7	100,26
Z7.7	-213,50
X6.7	199,51
Y6.7	78,02
Z6.7	-213,50
X5.7	160,66
Y5.7	57,64
Z5.7	-213,50
X4.7	124,23
Y4.7	52,98
Z4.7	-213,50
X3.7	85,98
Y3.7	46,88
Z3.7	-213,50
X2.7	42,99
Y2.7	39,21
Z2.7	-213,50
X1.7	0,00
Y1.7	33,91
Z1.7	-213,50

Schulter (13.8 bis 1.8)

0,00	152,69	-253,00
43,25	163,76	-253,00
86,62	164,88	-253,00
124,77	150,56	-253,00
153,30	133,63	-253,00
165,57	120,83	-253,00
166,30	98,93	-253,00
160,16	85,54	-250,00
150,87	79,91	-250,00
125,29	82,18	-253,00
85,53	72,25	-253,00
42,63	55,42	-253,00
0,00	44,93	-253,00

X13.8	0,00
Y13.8	152,69
Z13.8	-253,00
X12.8	43,25
Y12.8	163,76
Z12.8	-253,00
X11.8	86,62
Y11.8	164,88
Z11.8	-253,00
X10.8	124,77
Y10.8	150,56
Z10.8	-253,00
X9.8	153,30
Y9.8	133,63
Z9.8	-253,00
X8.8	165,57
Y8.8	120,83
Z8.8	-253,00
X7.8	169,30
Y7.8	98,93
Z7.8	-253,00
X6.8	160,16
Y6.8	85,54
Z6.8	-253,00
X5.8	150,87
Y5.8	79,91
Z5.8	-253,00
X4.8	125,29
Y4.8	78,18
Z4.8	-253,00
X3.8	85,53
Y3.8	72,25
Z3.8	-253,00
X2.8	42,63
Y2.8	55,42
Z2.8	-253,00
X1.8	0,00
Y1.8	44,93
Z1.8	-253,00

hals (7.9 bis 1.9)

0,00	148,89	-276,33
43,19	144,69	-276,33
84,84	141,28	-276,33
103,31	119,59	-276,33
83,42	95,20	-276,33
42,72	56,23	-276,33
0,00	36,39	-276,33

X7.9	0,00
Y7.9	149,89
Z7.9	-276,33
X6.9	43,19
Y6.9	145,69
Z6.9	-276,33
X5.9	84,84
Y5.9	142,28
Z5.9	-276,33
X4.9	103,31
Y4.9	120,59
Z4.9	-276,33
X3.9	83,42
Y3.9	96,20

Z3.9	-276,33
X2.9	42,72
Y2.9	57,23
Z2.9	-276,33
X1.9	0,00
Y1.9	42,39
Z1.9	-276,33

1/2 uBU - TU (8.10 bis 1.10)

0,00	161,10	45,00
45,04	166,32	45,00
90,02	150,01	45,00
119,25	87,26	45,00
103,29	43,55	45,00
90,00	25,56	45,00
44,98	-4,30	45,00
0,00	-5,76	45,00

X8.10	0,00
Y8.10	161,10
Z8.10	45,00
X7.10	45,04
Y7.10	166,32
Z7.10	45,00
X6.10	90,02
Y6.10	150,01
Z6.10	45,00
X5.10	119,25
Y5.10	87,26
Z5.10	45,00
X4.10	103,29
Y4.10	43,55
Z4.10	45,00
X3.10	90,00
Y3.10	25,56
Z3.10	45,00
X2.10	44,98
Y2.10	-4,30
Z2.10	45,00
X1.10	0,00
Y1.10	-5,76
Z1.10	45,00

TU (8.11 bis 1.11)

0,00	153,51	90,00
45,06	162,20	90,00
90,01	130,51	90,00
113,55	88,57	90,00
104,09	44,74	90,00
90,00	25,74	90,00
45,00	-3,56	90,00
0,00	-11,01	90,00

X8.11	0,00
Y8.11	153,51
Z8.11	90,00
X7.11	45,06
Y7.11	156,20
Z7.11	90,00
X6.11	90,01
Y6.11	130,51
Z6.11	90,00
X5.11	113,55
Y5.11	88,57
Z5.11	90,00
X4.11	104,09
Y4.11	44,74
Z4.11	90,00
X3.11	90,00
Y3.11	25,74
Z3.11	90,00
X2.11	45,00
Y2.11	-3,56
Z2.11	90,00
X1.11	0,00
Y1.11	-11,01
Z1.11	90,00

tiefste Stelle (8.12 bis1.12)

0,00	150,54	120,00
45,00	152,09	120,00
89,98	131,23	120,00
123,19	82,75	120,00
111,76	43,77	120,00
90,00	16,91	120,00
44,98	-6,16	120,00
0,00	-11,33	120,00

X8.12	0,00
Y8.12	150,54
Z8.12	120,00
X7.12	45,00
Y7.12	152,09
Z7.12	120,00
X6.12	89,98
Y6.12	131,23
Z6.12	120,00
X5.12	123,19
Y5.12	82,75
Z5.12	120,00
X4.12	111,76
Y4.12	43,77
Z4.12	120,00
X3.12	90,00
Y3.12	16,91
Z3.12	120,00
X2.12	44,98
Y2.12	-6,16
Z2.12	120,00

X1.12	0,00			
Y1.12	-11,33			
Z1.12	120,00	Nabel (8.13 bis1.13)		
X8.13	0,00	0,00	154,36	147,00
Y8.13	154,36	45,00	154,58	147,00
Z8.13	147,00	90,02	140,99	147,00
X7.13	45,00	131,92	82,29	147,00
Y7.13	154,58	120,71	41,99	147,00
Z7.13	147,00	90,02	5,73	147,00
X6.13	90,02	26,60	-17,10	147,00
Y6.13	140,99	0,00	-16,41	147,00
Z6.13	147,00			
X5.13	131,92			
Y5.13	82,29			
Z5.13	147,00			
X4.13	120,71			
Y4.13	41,99			
Z4.13	147,00			
X3.13	90,02			
Y3.13	5,73			
Z3.13	147,00			
X2.13	26,60			
Y2.13	-17,10			
Z2.13	147,00			
X1.13	0,00			
Y1.13	-16,41			
Z1.13	147,00	Bauch - Knöchel (9.14 bis1.14)		
X9.14	0,00	0,00	168,80	190,00
Y9.14	168,80	44,99	167,66	190,00
Z9.14	190,00	89,99	158,45	190,00
X8.14	44,99	134,03	125,43	190,00
Y8.14	167,66	149,26	81,68	190,00
Z8.14	190,00	137,15	41,34	190,00
X7.14	89,99	90,00	-4,92	190,00
Y7.14	158,45	45,02	-24,23	190,00
Z7.14	190,00	0,00	-30,76	190,00
X6.14	134,03			
Y6.14	125,43			
Z6.14	190,00			
X5.14	149,26			
Y5.14	81,68			
Z5.14	190,00			
X4.14	137,15			
Y4.14	41,34			
Z4.14	190,00			
X3.14	90,00			
Y3.14	-4,92			
Z3.14	190,00			
X2.14	45,02			
Y2.14	-24,23			
Z2.14	190,00			
X1.14	0,00			
Y1.14	-30,76			
Z1.14	190,00	1/3 Bauch - HU (9.15 bis 1.15)		
X9.15	0,00	0,00	191,89	227,00
Y9.15	187,89	45,02	193,49	227,00
Z9.15	227,00	90,03	179,03	227,00
X8.15	45,02	145,06	136,91	227,00
Y8.15	191,49	157,72	83,94	227,00
Z8.15	227,00	145,15	40,62	227,00
X7.15	90,03	90,08	-5,46	227,00
Y7.15	179,03	44,96	-23,46	227,00
Z7.15	227,00	0,00	-29,51	227,00
X6.15	145,06			
Y6.15	136,91			
Z6.15	227,00			
X5.15	157,72			
Y5.15	83,94			
Z5.15	227,00			
X4.15	145,15			
Y4.15	40,62			
Z4.15	227,00			
X3.15	90,08			
Y3.15	-0,46			
Z3.15	227,00			
X2.15	44,96			

Y2.15	-23,46
Z2.15	227,00
X1.15	0,00
Y1.15	-29,51
Z1.15	227,00

HU (9.16 bis 1.16)

X9.16	0,00	0,00		208,94	298,00
Y9.16	205,94	45,03		212,22	298,00
Z9.16	298,00	89,98		191,39	298,00
X8.16	45,03	154,50		121,60	298,00
Y8.16	208,22	171,17		82,71	298,00
Z8.16	298,00	161,11		39,41	298,00
X7.16	89,98	90,03		11,87	298,00
Y7.16	191,39	44,99		-4,28	298,00
Z7.16	298,00	0,00		-15,34	298,00
X6.16	154,50				
Y6.16	121,60				
Z6.16	298,00				
X5.16	171,17				
Y5.16	82,71				
Z5.16	298,00				
X4.16	161,11				
Y4.16	39,41				
Z4.16	298,00				
X3.16	90,03				
Y3.16	11,87				
Z3.16	298,00				
X2.16	44,99				
Y2.16	-4,28				
Z2.16	298,00				
X1.16	0,00				
Y1.16	-15,34				
Z1.16	298,00				

1/2 HU - Schritt (9.17 bis 1.17)

X9.17	0,00	0,00		196,38	338,00
Y9.17	188,38	45,00		199,59	338,00
Z9.17	338,00	90,01		186,33	338,00
X8.17	45,00	159,33		137,64	338,00
Y8.17	199,59	178,95		82,07	338,00
Z8.17	338,00	165,57		38,66	338,00
X7.17	90,01	107,56		7,73	338,00
Y7.17	186,33	35,84		25,35	338,00
Z7.17	338,00	0,00		4,01	338,00
X6.17	159,33				
Y6.17	137,64				
Z6.17	338,00				
X5.17	178,95				
Y5.17	82,07				
Z5.17	338,00				
X4.17	165,57				
Y4.17	38,66				
Z4.17	338,00				
X3.17	107,56				
Y3.17	7,73				
Z3.17	338,00				
X2.17	35,84				
Y2.17	25,35				
Z2.17	338,00				
X1.17	0,00				
Y1.17	4,01				
Z1.17	338,00				

Schritt (12.18 bis 1.18)

X12.18	6,40	6,40		81,28	381,00
Y12.18	81,28	6,42		103,37	381,00
Z12.18	381,00	11,97		134,03	381,00
X11.18	6,42	45,00		177,21	381,00
Y11.18	103,37	90,02		184,78	381,00
Z11.18	381,00	171,76		136,77	381,00
X10.18	11,97	182,91		81,26	381,00
Y10.18	134,03	165,60		37,95	381,00
Z10.18	381,00	107,27		7,57	381,00
X9.18	45,00	44,97		24,98	381,00
Y9.18	177,21	28,09		37,91	381,00
Z9.18	381,00	6,39		63,96	381,00
X8.18	90,02				
Y8.18	184,78				
Z8.18	381,00				
X7.18	171,76				
Y7.18	136,77				

Z7.18	381,00
X6.18	182,91
Y6.18	81,26
Z6.18	381,00
X5.18	165,60
Y5.18	37,95
Z5.18	381,00
X4.18	107,27
Y4.18	7,57
Z4.18	381,00
X3.18	44,97
Y3.18	24,98
Z3.18	381,00
X2.18	28,09
Y2.18	37,91
Z2.18	381,00
X1.18	6,39
Y1.18	63,96
Z1.18	381,00

1,5 cm vom Schritt (10.19 bis1.19)

11,68	81,05	396,00
38,02	136,63	396,00
45,04	166,79	396,00
90,04	175,18	396,00
175,12	136,58	396,00
180,56	80,95	396,00
164,72	37,53	396,00
105,87	7,94	396,00
45,02	25,94	396,00
30,39	37,65	396,00

X10.19	11,68
Y10.19	81,05
Z10.19	396,00
X9.19	38,02
Y9.19	136,63
Z9.19	396,00
X8.19	45,04
Y8.19	166,79
Z8.19	396,00
X7.19	90,04
Y7.19	175,18
Z7.19	396,00
X6.19	175,12
Y6.19	136,58
Z6.19	396,00
X5.19	180,56
Y5.19	80,95
Z5.19	396,00
X4.19	164,72
Y4.19	37,53
Z4.19	396,00
X3.19	105,87
Y3.19	7,94
Z3.19	396,00
X2.19	45,02
Y2.19	25,94
Z2.19	396,00
X1.19	30,39
Y1.19	37,65
Z1.19	396,00

Halsumfang (7.20 bis 1.20)

0,00	109,93	-310,35
39,02	105,26	-307,79
58,75	94,35	-304,33
59,97	73,09	-299,00
51,82	36,82	-290,28
28,45	24,20	-288,03
0,00	16,61	-286,85

X7.20	0,00
Y7.20	134,93
Z7.20	-310,35
X6.20	39,02
Y6.20	130,26
Z6.20	-307,79
X5.20	55,75
Y5.20	119,35
Z5.20	-304,33
X4.20	59,97
Y4.20	98,09
Z4.20	-299,00
X3.20	48,82
Y3.20	61,82
Z3.20	-290,28
X2.20	28,45
Y2.20	49,20
Z2.20	-288,03
X1.20	0,00
Y1.20	34,61
Z1.20	-286,85

Halsumfang Endkontur (6.21 bis 1.21)

0,00	105,97	-319,46
35,76	100,13	-319,46
54,34	74,02	-319,46
53,20	38,51	-319,46
34,56	25,45	-319,46
0,00	9,17	-319,46

X6.21	0,00
Y6.21	125,97
Z6.21	-319,46
X5.21	35,76
Y5.21	120,13
Z5.21	-319,46

X4.21	54,34
Y4.21	89,02
Z4.21	-319,46
X3.21	53,20
Y3.21	53,51
Z3.21	-319,46
X2.21	34,56
Y2.21	40,45
Z2.21	-319,46
X1.21	0,00
Y1.21	24,17
Z1.21	-319,46

Anlage 5: Virtuelle Menschmodelle, Skalierungsbeispiele

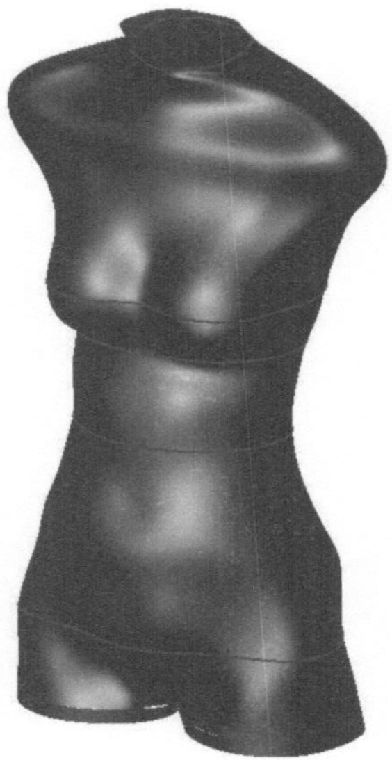	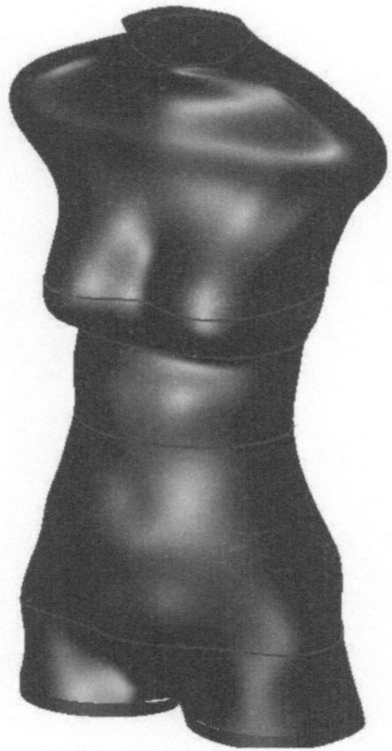	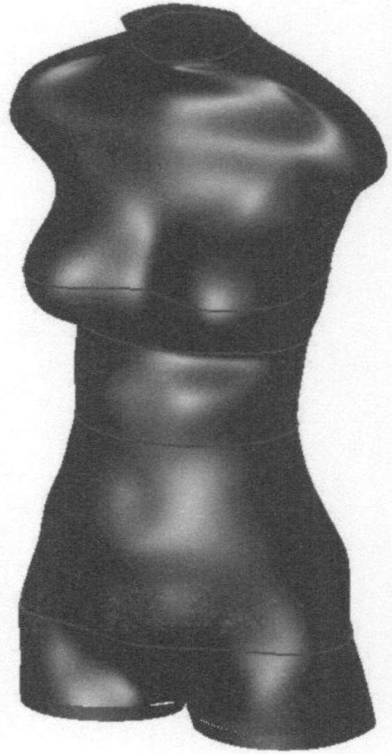
Unterbrustumfang (uBU) 65,0 cm; CUP A Brustumfang (BU) 78,0 cm Taillenumfang (TU) 62,5 cm Hüftumfang (HU) 90,0 cm	**Unterbrustumfang (uBU) 65,0 cm; CUP B** **(entspricht nach DOB-Tabelle der Größe 34)** Brustumfang (BU) 80,0 cm Taillenumfang (TU) 63,0 cm Hüftumfang (HU) 90,5 cm	**Unterbrustumfang (uBU) 65,0 cm; CUP E** Brustumfang (BU) 86,0 cm Taillenumfang (TU) 63,5 cm Hüftumfang (HU) 92,0 cm

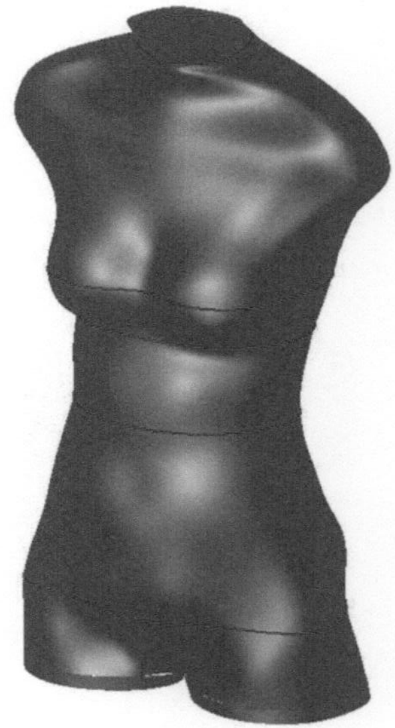	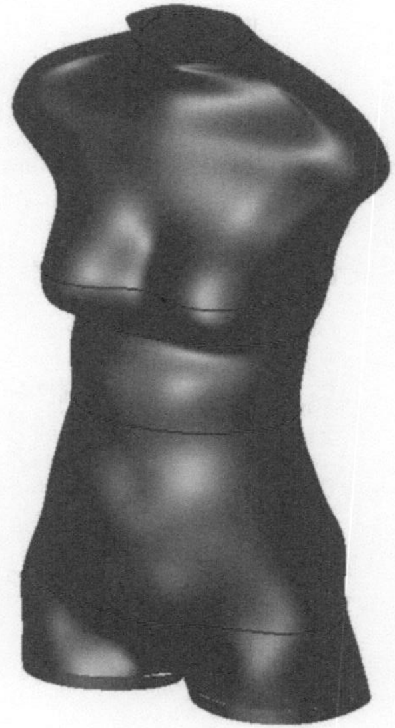	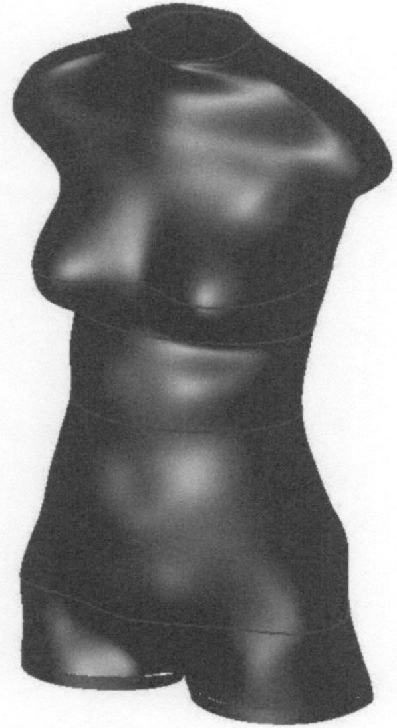
Unterbrustumfang (uBU) 70,0 cm; CUP A **(entspricht nach DOB-Tabelle der Größe 34)** Brustumfang (BU) 83,0 cm Taillenumfang (TU) 67,5 cm Hüftumfang (HU) 93,5 cm	**Unterbrustumfang (uBU) 70,0 cm; CUP B** **(entspricht nach DOB-Tabelle der Größe 36)** Brustumfang (BU) 85,0 cm Taillenumfang (TU) 68,0 cm Hüftumfang (HU) 94,0 cm	**Unterbrustumfang (uBU) 70,0 cm; CUP D** Brustumfang (BU) 89,0 cm Taillenumfang (TU) 68,5 cm Hüftumfang (HU) 95,0 cm

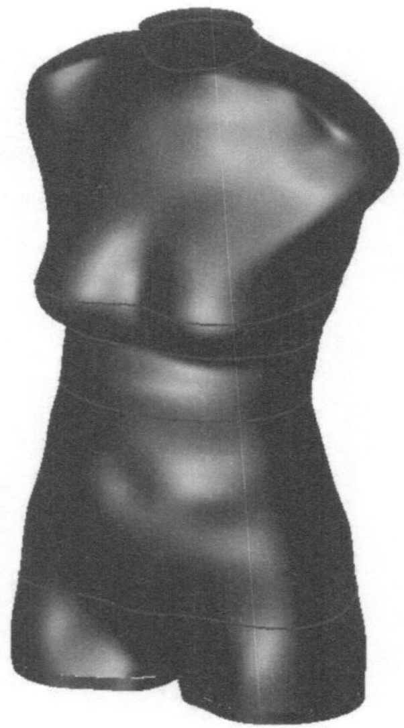	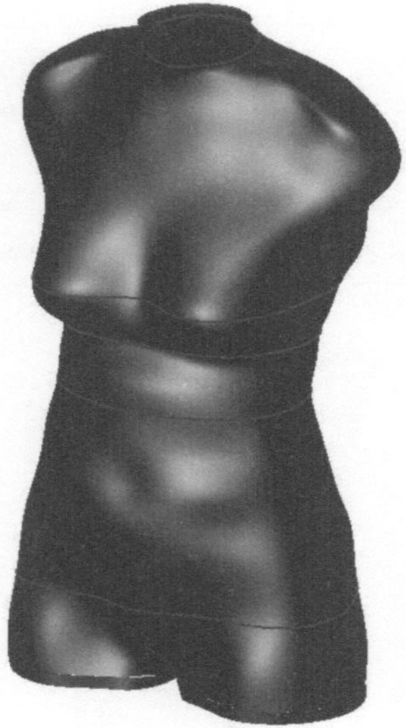	
Unterbrustumfang (uBU) 75,0 cm; CUP A **(entspricht nach DOB-Tabelle der Größe 38)** Brustumfang (BU) 88,0 cm Taillenumfang (TU) 73,5 cm Hüftumfang (HU) 97,0 cm	**Unterbrustumfang (uBU) 75,0 cm; CUP B** Brustumfang (BU) 90,0 cm Taillenumfang (TU) 74,0 cm Hüftumfang (HU) 97,5 cm	**Unterbrustumfang (uBU) 75,0 cm; CUP C** **(entspricht nach DOB-Tabelle der Größe 40)** Brustumfang (BU) 92,0 cm Taillenumfang (TU) 74,0 cm Hüftumfang (HU) 98,0 cm

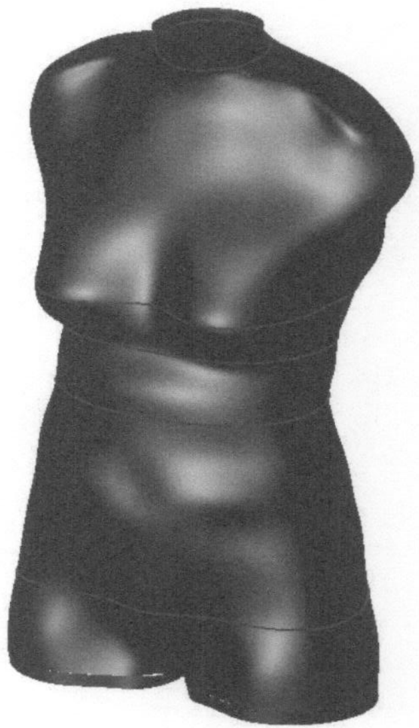		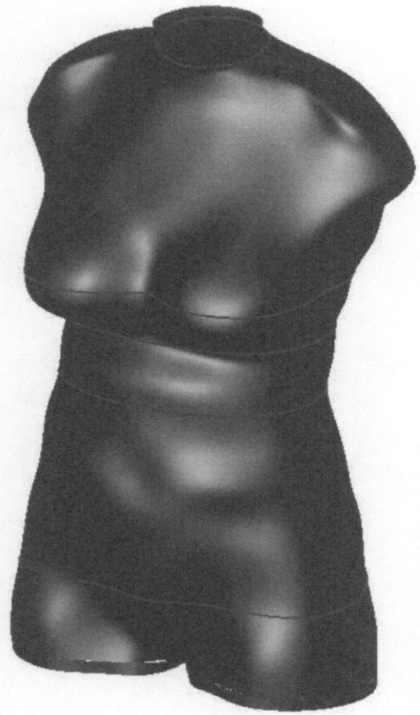
Unterbrustumfang (uBU) 80,0 cm; CUP B **(entspricht nach DOB-Tabelle der Größe 42)** Brustumfang (BU) 95,0 cm Taillenumfang (TU) 80,0 cm Hüftumfang (HU) 101,0 cm	**Unterbrustumfang (uBU) 80,0 cm; CUP C** Brustumfang (BU) 97,0 cm Taillenumfang (TU) 80,0 cm Hüftumfang (HU) 101,5 cm	**Unterbrustumfang (uBU) 80,0 cm; CUP D** **(entspricht nach DOB-Tabelle der Größe 44)** Brustumfang (BU) 99,0 cm Taillenumfang (TU) 80,5 cm Hüftumfang (HU) 102,0 cm

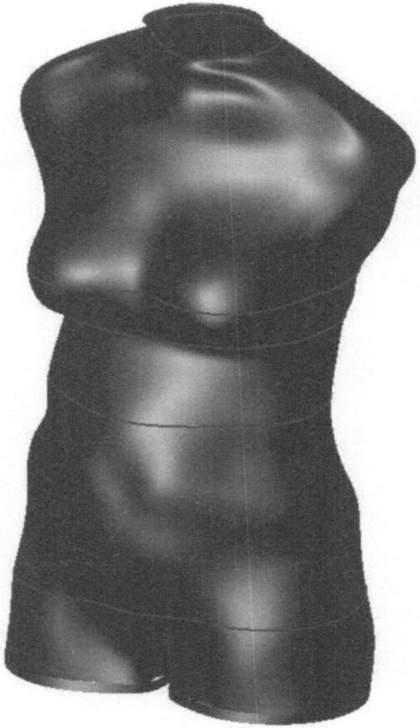	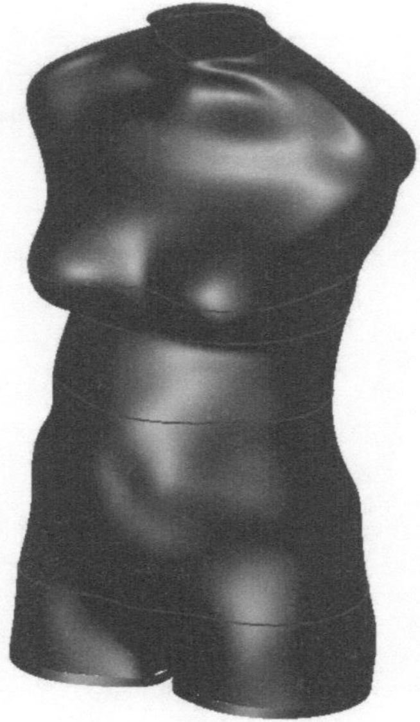	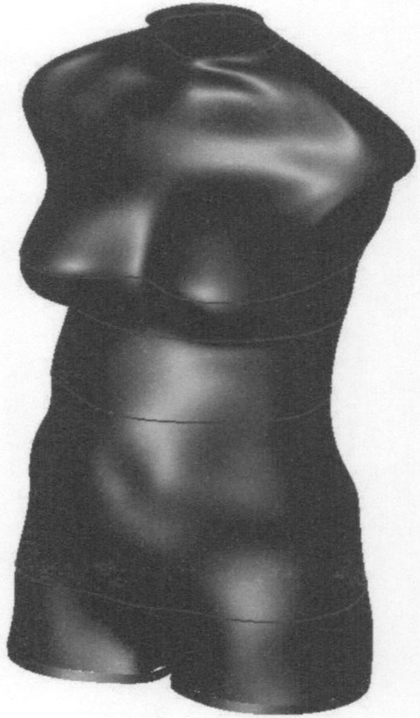
Unterbrustumfang (uBU) 85,0 cm; CUP B (entspricht nach DOB-Tabelle der Größe 44) Brustumfang (BU) 100,0 cm Taillenumfang (TU) 86,0 cm Hüftumfang (HU) 104,5 cm	**Unterbrustumfang (uBU) 85,0 cm; CUP C** Brustumfang (BU) 102,0 cm Taillenumfang (TU) 86,0 cm Hüftumfang (HU) 105,0 cm	**Unterbrustumfang (uBU) 85,0 cm; CUP E** Brustumfang (BU) 106,0 cm Taillenumfang (TU) 86,5 cm Hüftumfang (HU) 106,0 cm

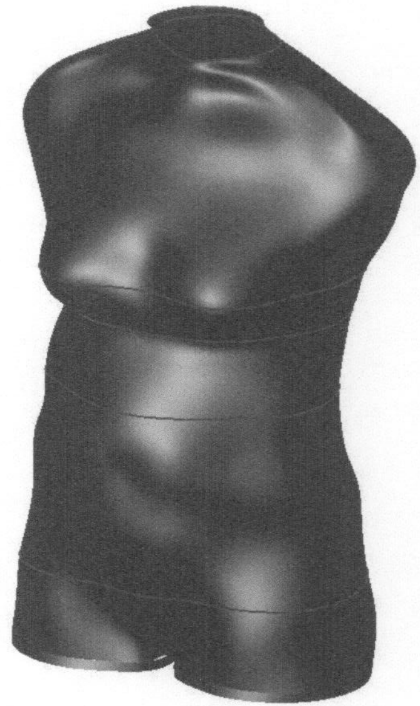	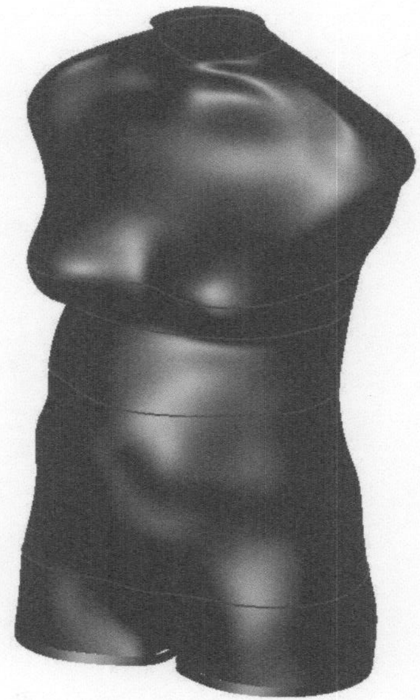	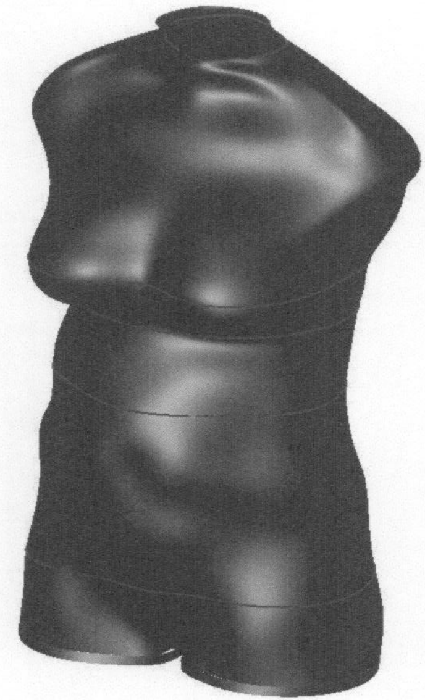
Unterbrustumfang (uBU) 90,0 cm; CUP A **(entspricht nach DOB-Tabelle der Größe 46)** Brustumfang (BU) 103,0 cm Taillenumfang (TU) 92,5 cm Hüftumfang (HU) 107,0 cm	**Unterbrustumfang (uBU) 90,0 cm; CUP C** Brustumfang (BU) 107,0 cm Taillenumfang (TU) 93,0 cm Hüftumfang (HU) 108,0 cm	**Unterbrustumfang (uBU) 90,0 cm; CUP D** Brustumfang (BU) 109,0 cm Taillenumfang (TU) 93,5 cm Hüftumfang (HU) 108,5 cm

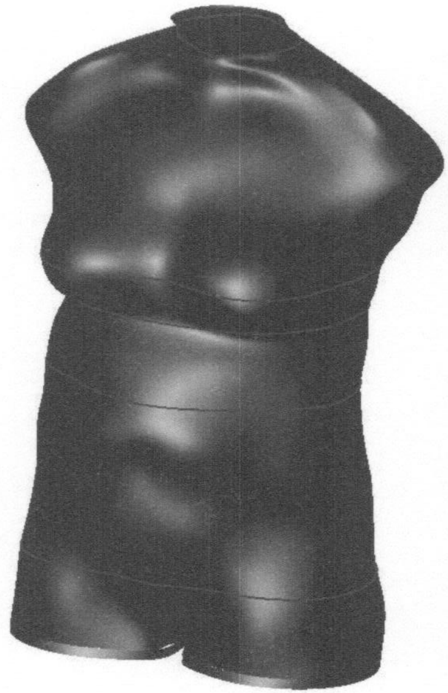	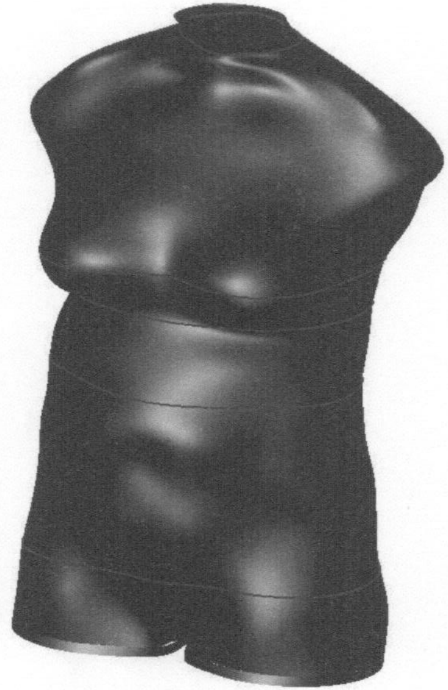	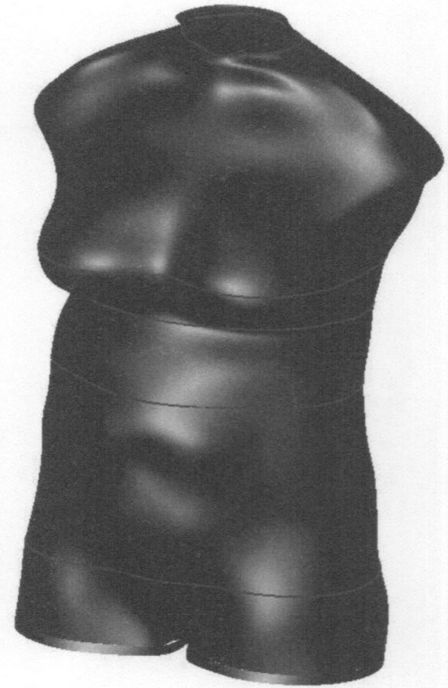
Unterbrustumfang (uBU) 95,0 cm; CUP B **(entspricht nach DOB-Tabelle der Größe 48)** Brustumfang (BU) 110,0 cm Taillenumfang (TU) 100,0 cm Hüftumfang (HU) 110,5 cm	**Unterbrustumfang (uBU) 95,0 cm; CUP C** Brustumfang (BU) 112,0 cm Taillenumfang (TU) 100,0 cm Hüftumfang (HU) 111,0 cm	**Unterbrustumfang (uBU) 95,0 cm; CUP D** Brustumfang (BU) 114,0 cm Taillenumfang (TU) 100,5 cm Hüftumfang (HU) 111,5 cm